你知道嗎？

聽說動物是依據居住環境不斷演化
一路演變至今的！
不過，在這些動物們的生態裡
也有許多令人莞爾一笑、有點愚蠢的秘密！
因為大家總是抱著積極向前的態度在努力，
讓我忍不住打從心底覺得「沒關係啦！」
也想為牠們加油打氣。

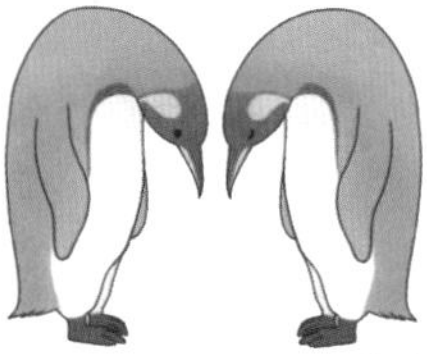

要不要跟著我一起去見見
那些「沒關係動物」們呢？
想必各位應該也會想要幫動物們加油打氣。

「沒關係！即使如此也要努力加油！」

對吧！

舞子（小舞）

小學三年級的女孩子。
就讀於充滿豐富自然生態的
「沒關係小學」。
最喜歡動物了，
將來的夢想是成為動物博士。

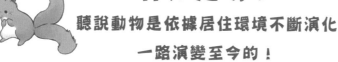

前言

聽到「沒關係」的時候，心裡對這句話有什麼看法呢？難不成，會有一種負面的觀感？不對不對，**「沒關係（Don't mind！＝別在意！）」**帶有正面的意思。

在我們生活周遭的動物的生態中，隱藏著「沒關係」的一面。**儘管拼了命努力，卻還是有些缺憾……。**見到那一心一意求生的模樣，讓人忍不住想為牠們聲援：「沒關係，即使如此也要努力加油！」

動物們是在演化的過程中，適應各個不

同的環境、改變樣貌與習性，才得以生存並延續至今。而這次，本書所刊載的動物們，幾乎每一種都是各位平常就能見到、**眾所熟知卻又不可思議的**動物。

和好奇心旺盛的各位一樣，本書的主角小舞最喜歡動物了，快跟著她一起去揭開動物們的超級沒關係生態的秘密吧！然後，再實際去見見牠們吧。

所有的沒關係動物們，為了在嚴峻的世界上求生，都在**努力和變化的洪流**之中載浮載沉，是值得各位珍視愛惜的存在。

目次

雖然長歪了沒關係動物圖鑑

今泉忠明
監修

瑞昇文化

第1章

附近能見到的沒關係動物

在我們的住家附近存在著許多動物。
也許平常不太會去注意到牠們，
但是那些我們已經看慣的動物，也有很多沒關係的一面哦！

貓如果吃貝類的話耳朵會掉下來!?

各位作為寵物飼養的貓咪或是流浪貓，其實被歸類於「家貓」這個種類唷。明明在流浪卻是「家」貓，很不可思議吧！

不管是哪隻貓都很喜歡吃魚，所以應該也會喜歡貝類吧？或許很多人會這樣認為，但是對貓咪來說貝類是非常危險的！舉例來說，像是鮑魚、蠑螺、鳥蛤、九孔等貝類的內臟含有一種有毒成分——脫鎂葉綠素鹽類（Pyropheophorbide a），一旦混入血液中，貓就會罹患光過敏症這種疾病。要是得了光過敏症又照射到陽光，毛髮最稀少的耳朵部分就會引起皮膚炎，更嚴重的情況下，貓的耳朵甚至會潰爛而變得一片鮮紅……。

日本古老俗諺有句話說「吃鮑魚掉耳朵」，其實也不全然是錯的。對貓而言，到底是要鮑魚還是要耳朵呢，也許是個艱難無比的選擇。話雖如此，有養貓的人請千萬別給貓咪吃貝類啊！

〔動物資料〕

貓	
棲息地	全世界，分布於有人類的地方
大小	50～60cm
重量	2.25～6.0kg

嗚啊，耳朵竟然會變成紅色的……！
貓貓也不能吃好吃的巧克力對吧。
沒關係！

狗對於尿尿的方向很講究!?

想必誰都不會去認真思考狗在尿尿時究竟是怎麼一回事吧？

最近有個有趣的研究（※），是在調查狗的行為和磁場（地球內部流動的電流）之間的關聯。

把狗的狗鍊卸下後，在空無一物的廣闊空間裡，觀察37個品種70隻的狗在尿尿時的樣子，這樣的研究持續了約2年。研究數據顯示，狗的大便次數為1893次、尿尿的次數為5582次！還是有人在認真研究狗的尿尿情況。

經由這個研究證實了一件事：在磁場較為穩定的狀態下，狗將身體朝南或朝北尿尿的情形會比較多。至於為什麼是南北向的呢？這一點目前仍需要繼續研究。話說回來，這群因順應本能而不知所以然地朝向南北尿尿的狗狗們。這樣的「講究」，沒關係！

〔動物資料〕

狗（全世界存在著數百個品種）

棲息地	全世界
大小	7.3～253cm
重量	0.45～133kg

※由捷克生命科學大學以及德國的杜伊斯堡-埃森大學的研究人員所組成的團隊進行的研究。

44

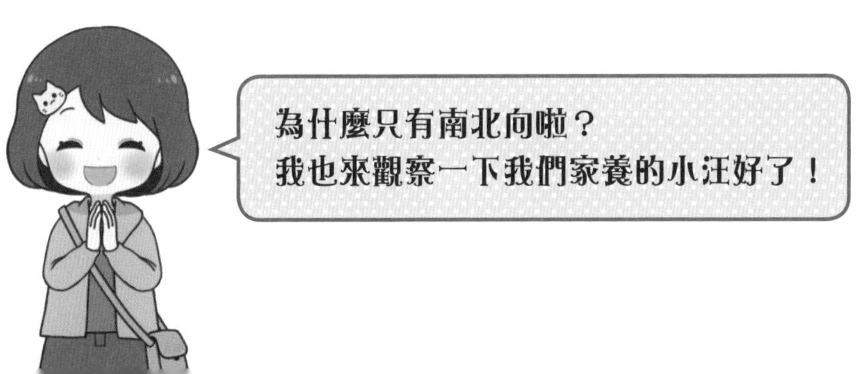

蚯蚓非常積極向前

各位都有在雨後的地面上看過蚯蚓吧？這是因為下雨造成土壤中的空氣消失，所以蚯蚓必須要鑽出地面透氣的關係。雖然蚯蚓的模樣容易惹人嫌，但其實牠們是一種很棒的生物，以落葉及廚餘為食，還會把土壤變得更好。

乍看之下，會覺得蚯蚓的身體看起來光滑無比，然而實際上，牠們身上長有名為剛毛的堅硬短毛，具有止滑固定的作用。這些剛毛像鉤爪般緊抓著地面，有利於蚯蚓爬行。

這些剛毛的前端略微彎曲，生長方向形成弧狀，這是蚯蚓只能向前行進的原因之一。就算想要往後退，也沒有辦法倒車！「永不回頭，只管勇往直前！」——從這樣的觀點來看的話，蚯蚓可說是一種非常積極的動物呢。

也就是說，儘管很難去區分蚯蚓的頭跟尾，但位於前進方向的部位基本上就是牠們的頭部啦。

〔動物資料〕

鉅蚓科	
棲息地	陸地上、土壤中
大小	9～12㎝
重量	0.7～7.5ｇ

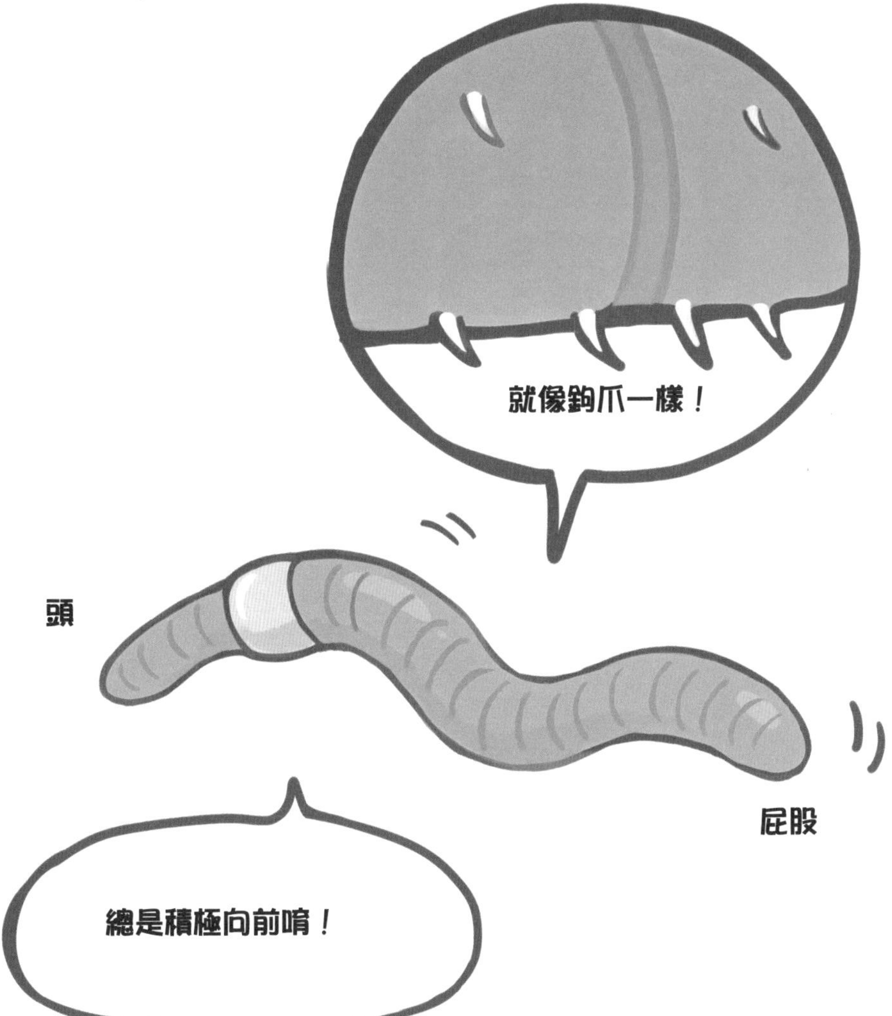
就像鉤爪一樣！
頭
屁股
總是積極向前唷！

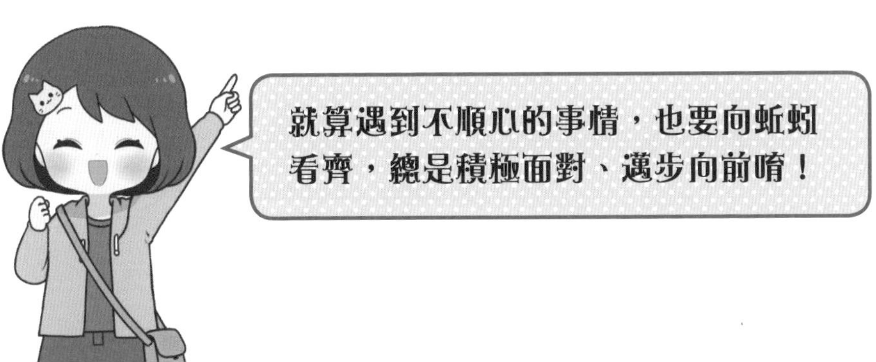
就算遇到不順心的事情，也要向蚯蚓看齊，總是積極面對、邁步向前唷！

對壁虎而言蟑螂是頓豐盛大餐

壁虎不但不會咬人，也不會突然攻擊人類，據說還是家中的守護神唷。

之所以會這麼說，是因為壁虎會幫我們吃掉家裡的害蟲。壁虎的主食有白蟻及蜘蛛，還有相對而言較小隻的蟑螂也包含在內！竟然會把人類討厭的蟑螂給吃下肚……。雖然我們一點也不會想去吃蟑螂，不過還是有點在意到底吃起來是什麼味道呢。

就像這樣，因為會幫我們吃掉、驅除害蟲，所以壁虎一詞在日文中的漢字寫成「家守」或「守宮」。有一個說法是，家守或守宮在經過變化之後，成了日本人現在常說的「ヤモリ」[*1]。

在壁虎的腳底有個由細毛構成的器官，稱作脊狀皮瓣皺褶，家裡的牆壁以及玻璃自不用說，就連天花板也能牢牢黏住。

脊狀皮瓣皺褶能夠貼合牆壁表面上凹凸不平的地方，藉此產生微弱的力量，正是託這個微小力量的福，壁虎才得以像特務一樣連垂直的牆面都可以上演飛簷走壁的功夫。

*譯註1：將「家守」或「守宮」的日文發音以片假名表示，即為「ヤモリ（yamori）」。

〔動物資料〕

多疣壁虎	
棲息地	日本本州、四國、九州、對馬等
大小	10～14cm
重量	2.3～4.0g

附帶一提，不論是模樣還是名字*2都和壁虎十分相似的兩棲類——蠑螈，據說因為會消滅害蟲、守護水井，所以在日文中被稱作「井守」哦。

＊譯註2：蠑螈的日文為「イモリ（imori）」，和「井守」的日文發音相同。

最好不要接近雞冠是鮮紅色的雞

世界各地都有在飼養雞，不過據說只有日本養了多達3億隻以上的雞。在雞頭上被稱作雞冠的這個部分為什麼是紅色的，各位曉得嗎？

這個雞冠，其實是皮膚向上隆起構成的部分。至於為什麼看起來是紅色的，是因為在皮膚的正下方有許多名為微血管的細小血管聚積所致。也就是說，因為血液的顏色透出來，才讓雞冠呈現紅色。

針對雞冠的作用眾說紛紜，像是調節體溫、向母雞展現自己等

等，不過當雞因為生氣而情緒亢奮時，血液就會聚集在微血管，使雞冠的溫度急遽上升。就跟人類在情緒激動時臉就會變紅一樣，雞在生氣時也會使雞冠變得更加鮮紅！要是隨便接近雞冠顏色過於鮮紅的雞，一定免不了被那雙鳥嘴給啄得體無完膚。

〔動物資料〕

雞	
棲息地	全世界
大小	40～80cm
重量	0.5～6.5kg

喔咕——！！

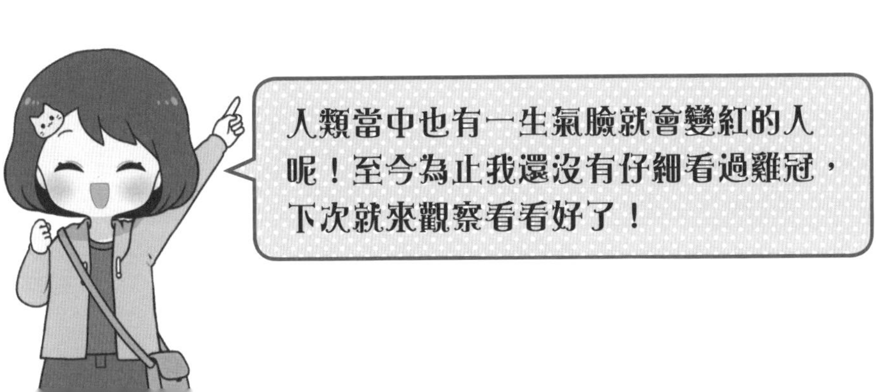
人類當中也有一生氣臉就會變紅的人
呢！至今為止我還沒有仔細看過雞冠，
下次就來觀察看看好了！

蒼蠅照到藍色的光就會死翹翹

到了夏天就會開始變多的蒼蠅。尤其是果蠅，繁殖能力特別強，只要花個10天左右就能以飛快的速度從卵中孵化並發育為成蟲。由於牠們會散播細菌，所以如果可以的話還是希望眼不見為淨呢。

不過，各位知道即便是這樣的果蠅，照到藍色的光就會死掉的事嗎？儘管藍色的光具有殺蟲效果的事實已經眾所熟知，但是直到不久之前都還不曉得詳細的箇中原理。

而解開這個謎團的人，竟然是日本山梨縣的高中生（※）。根據該研究結果證實，當果蠅照射到藍色的光時，會傷害身體細胞的成分——「氧化壓力」便會增強。結果就造成細胞死亡，到了最後果蠅本身也會跟著死翹翹。

話說回來，我們人的眼睛，也會因為智慧型手機等科技產品的藍光而受到傷害呢。不管是對蒼蠅還是人類而言，藍色的光都是一種威脅嗎？

〔動物資料〕

黑腹果蠅

棲息地	野外、家裡
大小	2～4㎜
重量	約1/1000g

※根據山梨縣立韮崎高中生物研究部的《蒼蠅因藍色的光而死亡的原因真的是氧化壓力嗎》。

住、住手啊～！

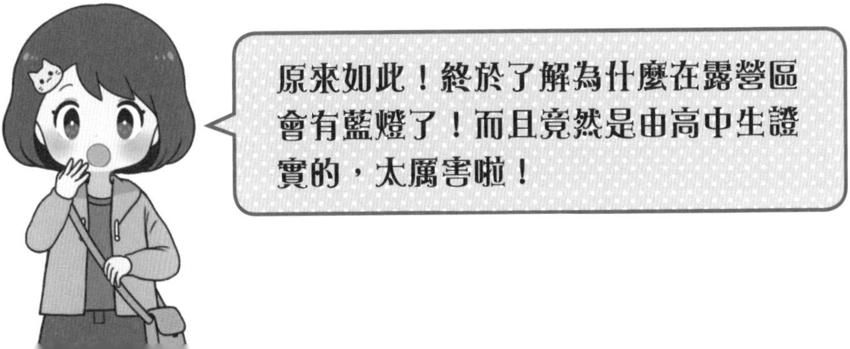
原來如此！終於了解為什麼在露營區會有藍燈了！而且竟然是由高中生證實的，太厲害啦！

人會因為打噴嚏把眼球給噴出來!?

雖然人也是動物的一種，但是目前仍有許多尚未明瞭的部分。

人類在打噴嚏時的結構，也是其中一個還沒完全弄清楚的地方。噴嚏的效果是將灰塵等異物排出體外，也藉著噴嚏震動身體來使體溫上升等等，不過在打噴嚏的時候卻會不自覺地把眼睛閉上對吧？據說這個行為，其實是為了保護身體所做出的反應。

由於人的鼻子和眼睛是相連的，所以當閉上眼睛時鼻孔內部就會膨脹，藉此確保空氣的通道順暢。相反地，如果硬是睜著眼睛打噴嚏的話，鼻孔內部就會阻塞。無處可去的空氣會因為噴嚏的壓力導致其影響波及眼球，最糟的情況下，眼球是有可能噴飛出去的（※）。

只不過，睜著眼睛打噴嚏這回事，以人類的構造上來說，是一件看似可行卻做不到的沒關係行為。不用去挑戰也沒關係啦。

〔動物資料〕

智人	
棲息地	除了南極、北極以外的全世界
大小	172.4cm（17歲男性的平均值）、155cm（17歲女性的平均值）
重量	64.6kg（17歲男性的平均值）、49.6kg（17歲女性的平均值）

※根據國際鼻科學會的G・H・德蘭赫勒（Drumheller）博士的學說。

好孩子請不要模仿唷！

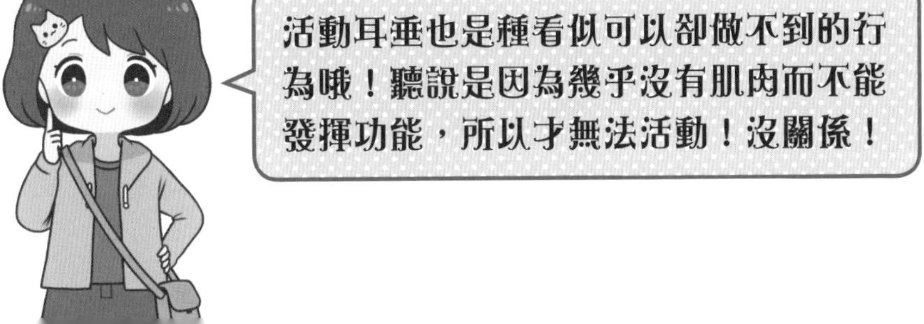
活動耳垂也是種看似可以卻做不到的行為哦！聽說是因為幾乎沒有肌肉而不能發揮功能，所以才無法活動！沒關係！

世界上
最可愛的

聯狐

世界上
最醜的!?

水滴魚

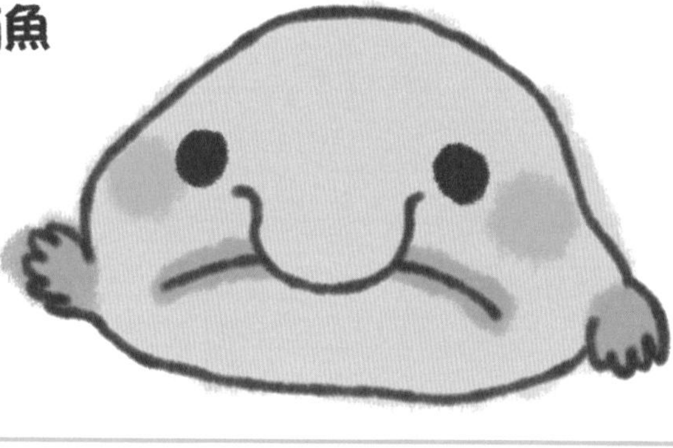

6月25日 星期一

天氣 晴

地點 後院

今天的主題 世界上最可愛的動物與最醜的動物

去年的時候，美國的CNN電視台公布了可愛動物排行榜，聽說第一名是聯狐！牠們是狐狸的近親，巨大的耳朵超級可愛！相反地，據說世界上最醜的動物是水滴魚這種深海魚。這是英國的醜陋動物排行榜的第一名。不過，我反而覺得這種魚也很可愛啊～。

老師的話

兩種動物看起來都很可愛呢！你知道聯狐的耳朵為什麼會這麼大嗎？答案跟「沙漠」有關。照著這條線索去調查看看吧！

沒關係小鎮

第2章

學校能見到的沒關係動物

只要了解身邊的動物的沒關係生態，

也許從明天開始，學校就會變得更加歡樂哦！

在各位的學校附近，究竟存在著什麼樣的沒關係動物呢？

在寒冷地區飼養金魚的話可以製造出啤酒!?

金魚是種能在學校或家裡簡單飼養的動物，但在最新的研究（※）中發現了一件驚人的事實——牠們具有自己製造酒精的能力。當位於寒冷地區的池塘或湖泊的水面結冰，水中就會形成沒有氧氣的狀態。在無氧狀態下，金魚體內的物質——乳酸的濃度就會提高，要是這個乳酸濃度過高的話，金魚恐會有死亡的危險性……。因此，金魚等鯽屬動物，會藉由特殊能力把乳酸轉換成乙醇（酒精）。從魚鰓將這種物質釋出，藉此排出體內的乳酸，讓自己可以活得更久。

舉例來說，若在啤酒杯裡養育金魚２００天，算起來可產生和啤酒相當的酒精度數的４％酒精。不過，「金魚啤酒」感覺就超級難喝。總覺得會有一股腥臭味呢。

〔動物資料〕

金魚

棲息地	池塘（大多為飼育）
大小	5～48cm
重量	0.75～3kg

※根據英國的利物浦大學以及挪威的奧斯陸大學之共同研究團隊的論文。

不就跟酒漬
差不多嘛！
排出乙醇中

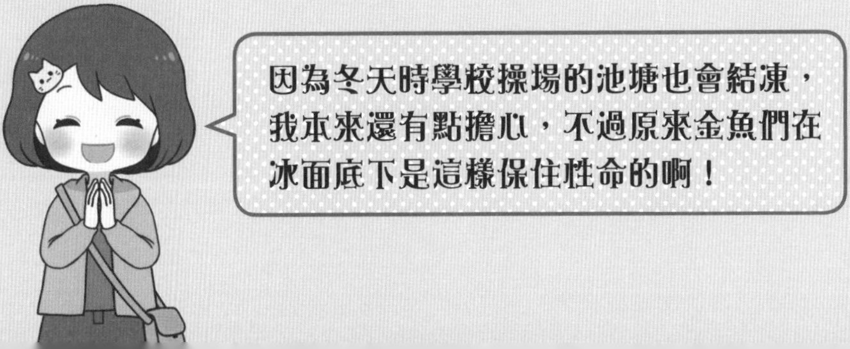
因為冬天時學校操場的池塘也會結凍，
我本來還有點擔心，不過原來金魚們在
冰面底下是這樣保住性命的啊！

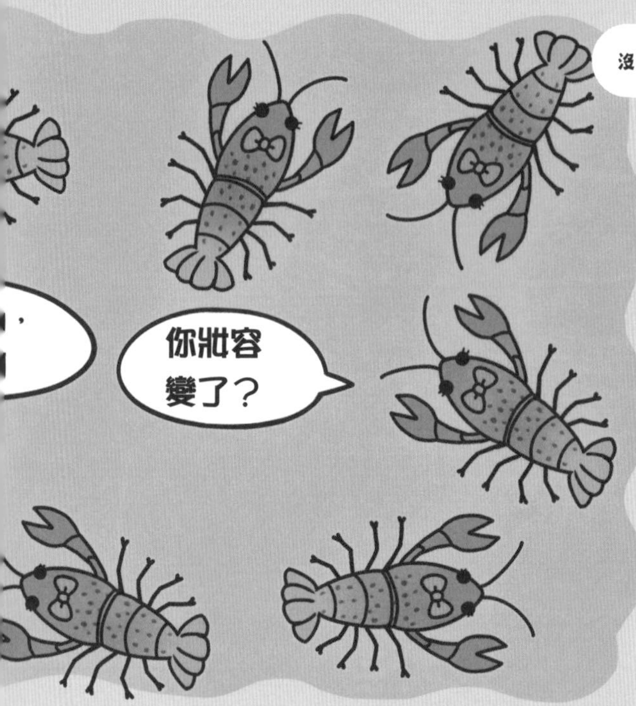

有種淡水龍蝦因為增殖過剩幾乎就要征服世界!?

擁有一雙和螃蟹相似的大螯的淡水龍蝦。名字裡雖然有個「蟹」[*3]字，實際上卻是蝦子的近親。

在淡水龍蝦當中有個種類名為大理石紋螯蝦，單靠一隻雌性就能永遠地持續增加數量。經調查後發現，這種淡水龍蝦的所有小孩，所具有的基因和最初的母蝦一模一樣，也就是複製生物（clone）。換句話說，大家都有相同的臉和模樣！

是藉著什麼樣的結構及過程生

【動物資料】

大理石紋螯蝦	
棲息地	淡水地區（日本於2006年指定為特定外來物種）
大小	7.7～8cm
重量	13.0～13.4 g

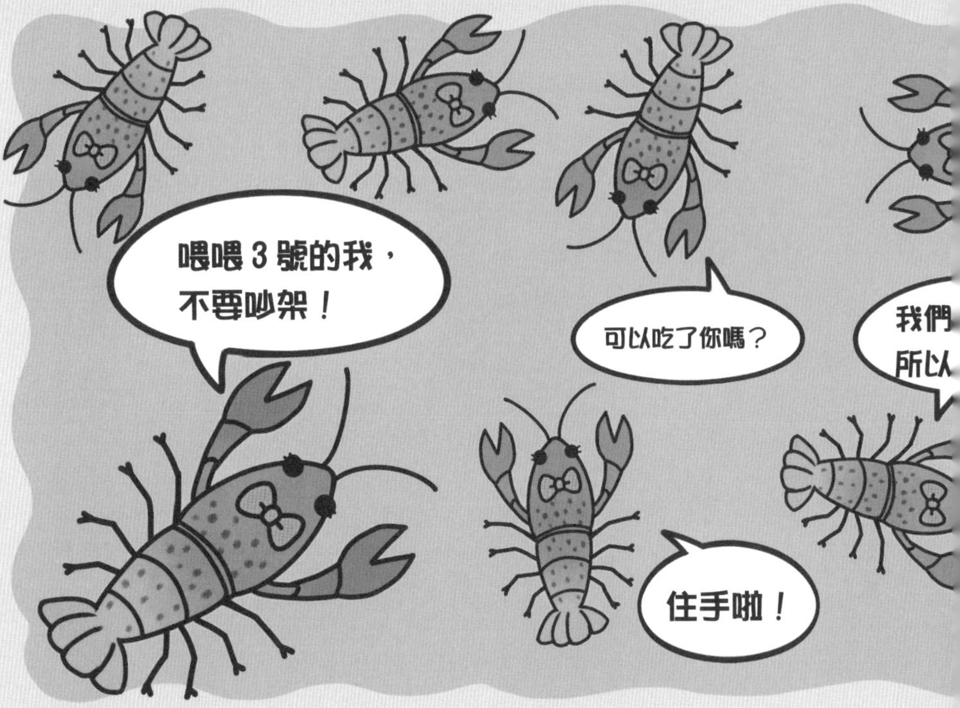
喂喂 3 號的我，
不要吵架！
可以吃了你嗎？
我們
所以
住手啦！

出複製生物的，目前仍不清楚。要生出小孩，就需要含有基因的物質──染色體，一般動物會從父方及母方那邊各獲得一組，也就是合計共兩組的染色體。不過，這種淡水龍蝦光雌性個體就有三組染色體，有可能是受這個關係影響。

因其模樣而被命名為「大理石紋（marbled）螯蝦（crayfish）」的這種淡水龍蝦。因為是複製生物，所以大家的外觀都是一樣的。到底哪個才是自己的小孩，就連親生母親也都搞不清楚吧!?沒關係！

＊譯註3：淡水龍蝦的日文為「ザリガニ」，「カニ」是螃蟹的意思。

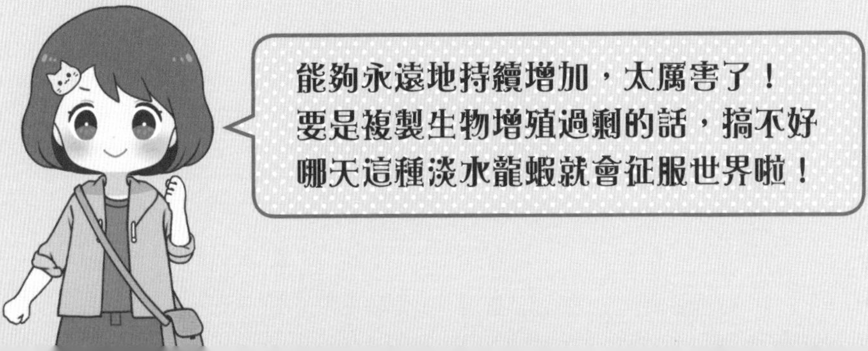
能夠永遠地持續增加，太厲害了！
要是複製生物增殖過剩的話，搞不好
哪天這種淡水龍蝦就會征服世界啦！

鴿子的白色鳥糞並不是大便

我們經常看到的灰色鴿子，是歸類於野鴿這個種類。有鴿子在的地方，就會從天落下白色的鳥糞呢。明明動物的大便都是以褐色居多，那鴿子的鳥糞又為什麼呈現白色呢？

其實這個白色的物質並不是大便，反而更接近於人所說的尿液。和會排出液態尿液的我們人類不同，鴿子是將難溶於水的物質——尿酸，作為尿液排出體外。這個尿酸和水混在一起所形成的白色固狀物就是鴿子的鳥糞，更精準地來說是尿液才對。人的尿

【動物資料】

野鴿	
棲息地	學校、市區街道、森林等
大小	31～34cm
重量	180～370ｇ

真好～。
我還沒大出來耶

液中有「尿素」，鴿子的尿液中則含有「尿酸」這種物質，不管是哪一種尿都具有將不必要的胺基酸排出體外的功能。只是尿液的形狀和顏色不同罷了。

那麼，鴿子的大便咧？仔細去看的話，白色尿液當中有綠色的固體。這就是大便。鴿子排出尿液和大便的地方是相同的，所以白色的尿液和綠色的大便有時候會混在一起排出去。當然，還是會有只排出大便的時候，但能夠同時排泄的話或許比較方便吧？

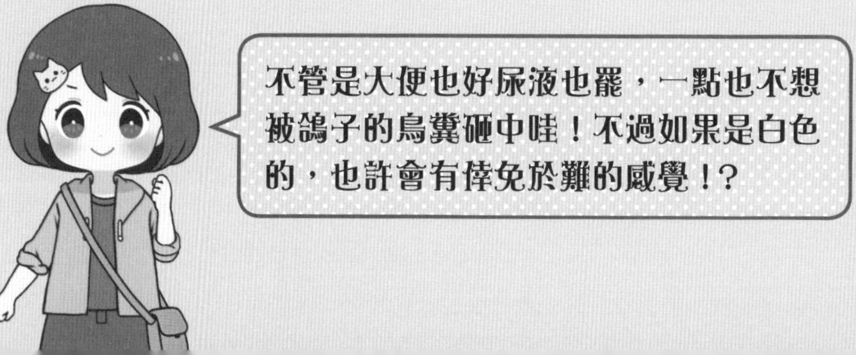
不管是大便也好尿液也罷，一點也不想被鴿子的鳥糞砸中哇！不過如果是白色的，也許會有倖免於難的感覺！？

沒關係指數

挪威鼠的交流情資竟然會外洩

體型偏大的挪威鼠是一種脾氣暴虐的老鼠，據說有時候甚至還會殺死雞。對挪威鼠而言，嬌小的家鼷鼠是頓美味的大餐，只要一發現家鼷鼠就會殺來填飽肚子。

而家鼷鼠這一方，當然是能避開挪威鼠就盡量避開，一點也不想撞見牠們……。根據最近的研究（※）結果表明，家鼷鼠能夠偵測挪威鼠的眼淚中所含有的物質，並將之視為一個危險警訊。

挪威鼠會將自己的眼淚塗抹在身上當作費洛蒙，藉此和其他的挪威鼠同伴交流。不過，對家鼷鼠

〔動物資料〕

挪威鼠	
棲息地	下水道附近或河川、海岸、濕地等
大小	18～28cm
重量	150～500g

※根據東京大學東原和成等人的研究團隊的研究。

費洛蒙～
哼哼～嗯♪

來說這是個紅燈般的警告訊號。

哪怕只有一丁點，一旦感覺到挪威鼠或許就在附近的跡象，家鼷鼠立刻就會變得警戒起來：「危險，要小心！」

像這樣偵測敵人特定的費洛蒙，並盡早躲避敵人的行為，這在哺乳類動物中是首次的發現。

沒想到我族的情報竟然會外洩給獵物知道，挪威鼠也是完全被蒙在鼓裡了吧。

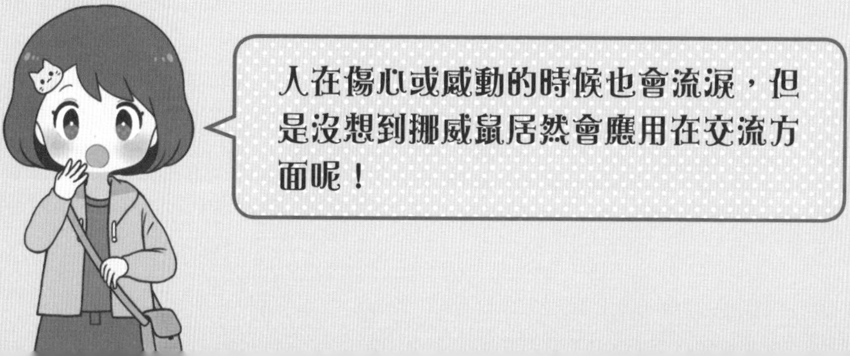
人在傷心或感動的時候也會流淚，但是沒想到挪威鼠居然會應用在交流方面呢！

山羊的眼球會旋轉

　各位有沒有近距離看過山羊呢？如果仔細去看看山羊的眼睛，會發現黑色的部分是呈現橫向細長狀的。而且在吃草或是以頭槌攻擊等低著頭時，這雙眼睛**還會變成相對於地面呈平行方向。**

　不知為何，**山羊的眼球生來就會旋轉，眼睛總是會調整成相對於地面為平行的橫向。**至於為什麼眼球會旋轉，直截了當地說就是為了要在自然界求生。山羊有被肉食性動物襲擊的危險，所以必須無時無刻地注意周遭的風吹草動。

　山羊的橫向細長狀眼睛能夠看見的範圍相當寬廣，連身體後方也不例外。而且，**由於眼球得以旋轉將近50度，所以就算是在頭朝下的時候，還是能夠看見等同於面向前方時的範圍。**

　像這樣眼球會旋轉的構造，也是種在馬等草食性動物身上可以見到的特徵。隨著每次活動頭部，眼球也會跟著轉動，究竟是什麼樣的感覺呢？

〔動物資料〕

山羊	
棲息地	氣候溫暖的地區
大小	40～100cm
重量	10～100kg

不論何時眼睛都
相對於地面平行！

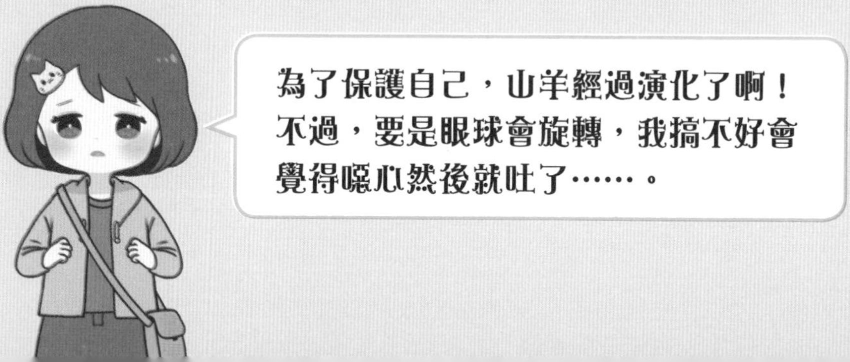
為了保護自己，山羊經過演化了啊！
不過，要是眼球會旋轉，我搞不好會
覺得噁心然後就吐了……。

牛也會因為「牛際關係」而容易煩惱

在擁有豐富自然生態的廣闊牧場裡悠然吃草的牛群，任誰看了都會不禁覺得這是一片恬靜而愜意的風景吧。不過，根據美國的數學家們所發表的某篇報告（※）中卻指出，被集體飼養的牛群心中有些煩惱。

牛為了保護自己不被敵人侵襲，原本就是會組成群體生活的動物。在數量比較龐大的群體當中，容易自然而然地分裂成兩派——吃草速度較快的牛與吃草速度較慢的牛。較快吃光牧草的牛，就會想移往下一個場所。但是，

〔動物資料〕

牛	
棲息地	牧草地
大小	約180cm
重量	450～1800kg

※刊載於《Chaos》雜誌2017年6月刊。

好囉！
該移動了唷——！

吃草速度較慢的牛，會想按照自己的步調慢慢進食……。如果落單的話，被敵人襲擊的危險性就會提高，於是就產生了一種沒關係的煩惱：「如果大家先走的話會很危險，但是我又想繼續吃飯啊，怎麼辦……」

雖然忍不住想幫牛聲援「加油！」，但又聽說如果牛心裡的糾結變得更嚴重的話，有時候會造成壓力。就算是牛，也是會煩惱「牛際關係」這些問題呢。

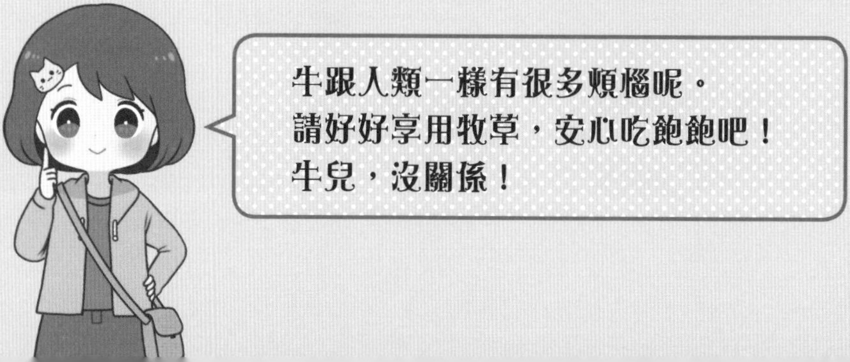
牛跟人類一樣有很多煩惱呢。
請好好享用牧草，安心吃飽飽吧！
牛兒，沒關係！

瓢蟲

→顏色鮮豔。代表
吃下去會有危險的警告

北極熊

→融入雪色當中

烏鴉

→融入森林等

今天的主題
用自己的顏色來鄭重警告對方!?

7月7日 星期六

天氣 陰

地點 圖書館

為什麼所有動物的顏色都不一樣呢？

我試著調查之後發現，動物會因應居住的環境或生活方式，發展出不顯眼的顏色或是鮮豔的顏色，只有具備容易存活的顏色的動物才能夠活下來。

烏鴉為了融入森林當中所以是黑色的，而北極熊為了融入雪色當中所以是白色的！相反地，為了告訴敵人「如果吃了我會很慘哦！」，也存在著帶有鮮豔顏色的瓢蟲唷。

動物真是厲害呀！

老師的話

烏鴉這類的動物是保護色，瓢蟲則是警戒色的動物。警戒色的動物大多具有天敵會感到厭惡的特徵，舉例來說，瓢蟲不但很臭而且還會分泌苦澀的汁液哦！

第3章

公園能見到的沒關係動物

在公園發現野生動物時，總是難掩興奮之情。
在各位經常去玩耍的公園裡，
也存在著各式各樣的沒關係動物，一定要試著去找找看唷！

黃小鷺的偽裝技巧非常拙劣

外表跟佐料中的蘘荷相似得不得了，經常被稱為「鳥界蘘荷」的黃小鷺。牠們是一種鷺科的小型候鳥，呆呆傻傻的模樣十分可愛，生活在蘆葦叢、濕地、水田等地。

這個黃小鷺的沒關係特徵，還真是說也說不完！首先，為了能行走在蓮花等水生植物上，牠們有著一雙和身體不太相稱的超級大腳丫。而且，修長的腳還外八，又是一個沒關係特徵。那走起路來的姿勢，只能用老爺爺來形容了。此外，在獵取食物的時候，從水生植物之間伸出脖子的動作快如閃電！這也是一個罕見的特徵。

其中最沒關係的一點，是當黃小鷺受到驚嚇、察覺危險時的應對，牠們不會逃走，而是藉著擬態（模仿）融入周遭的植物當中。仰望天空、縮長身體，拚了命要化為蘆葦草或樹枝的一部分並屏息以待，不過這在人類眼裡看來根本破綻百出。先不論本人究竟有沒有要隱藏起來的意思，這樣的努力也太可愛了。黃小鷺！即使如此也要努力加油！

〔動物資料〕

黃小鷺	
棲息地	蘆葦叢、竹林
大小	約37cm
重量	約115ｇ

好，這樣就不會穿幫了！

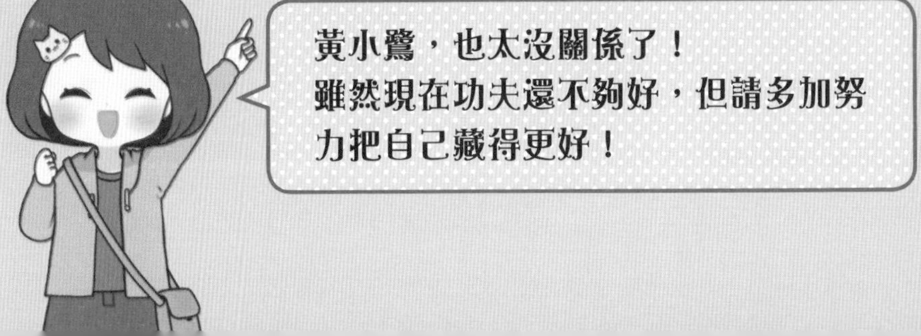
黃小鷺，也太沒關係了！
雖然現在功夫還不夠好，但請多加努力把自己藏得更好！

金龜子吃大便救公園

位於日本奈良縣的奈良公園中，有大約1200頭鹿。當鹿的數量如此可觀，讓人不禁在意1200頭鹿的糞便量到底有多少。鹿的大便外觀跟黑豆挺像的，而一頭鹿一天下來排出的量大約有700g～1kg。在奈良公園裡，估計光是一天就會產生840kg～1.2噸的糞便量，可謂非常驚人。但是，明明人類沒有一直在清潔打掃，公園卻仍能常保乾淨。這中間是發生了什麼事呢？

這都要歸功於雪隱金龜科中的琉璃雪隱金龜*4，是牠們在幫忙把大便津津有味地吃下肚。琉璃雪隱金龜是一種以糞便及腐肉為食的「糞金龜」，能夠自由自在地滾動比自己大上14倍左右的巨大糞便球。是喜歡大便的小小超級英雄！今天也有幫大家吃掉美味的大便，真是太感謝了。

＊譯註4：原文「ルリセンチコガネ」，是日文人針對藍色的Phelotrupes auratus auratus所取的俗名。

〔動物資料〕

雪隱金龜科

棲息地	公園、山、森林
大小	約莫2cm
重量	0.3～0.5g

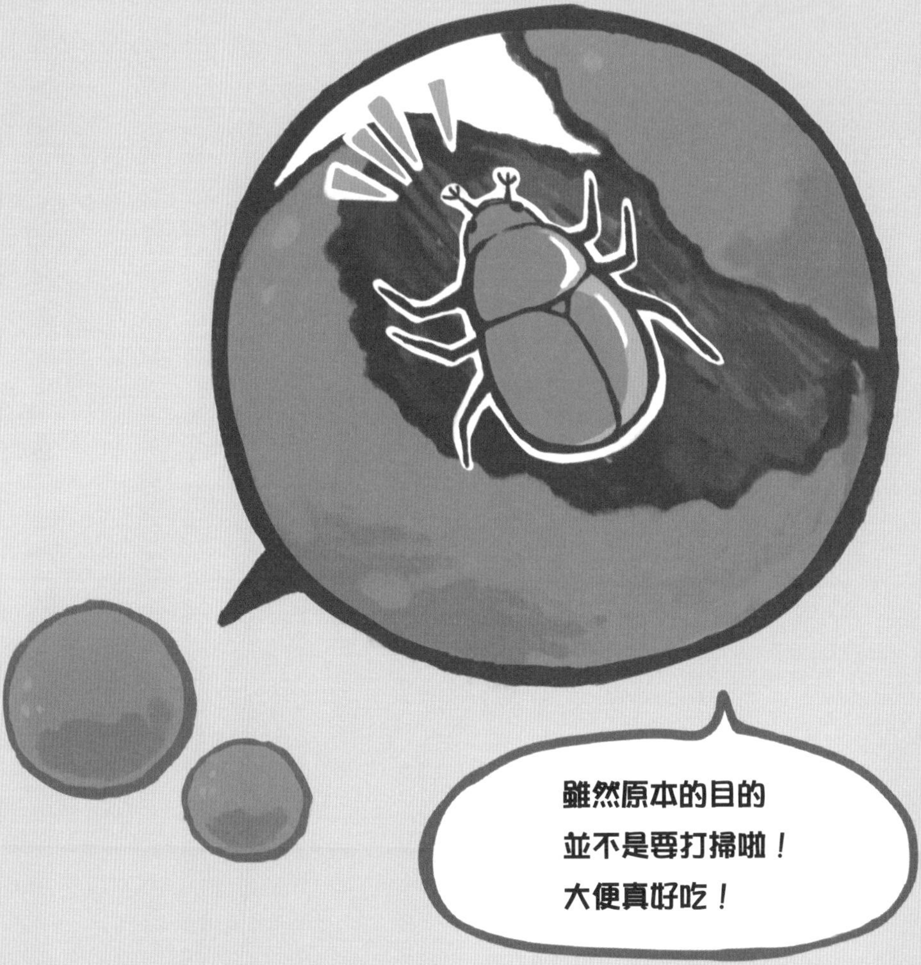
雖然原本的目的
並不是要打掃啦！
大便真好吃！

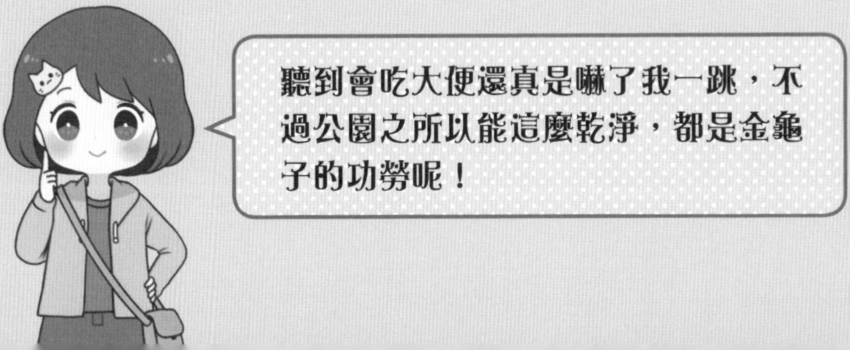
聽到會吃大便還真是嚇了我一跳，不過公園之所以能這麼乾淨，都是金龜子的功勞呢！

天鵝從屁股分泌油脂

為了過冬而遠渡來到日本的大天鵝與小天鵝。雖然有種說法是「泳姿優雅的天鵝，其實在水面下賣力地划動雙腳」，但這其實是「鴨子划水（意指背後的努力不為人知）」的以訛傳訛。比起用雙腳啪噠啪噠划水游泳的鴨子，天鵝更能夠維持美麗的泳姿，就算是在水面下也可以俏麗地游泳。

為什麼天鵝的腳在划水時不會發出啪噠聲，能夠優雅地游泳呢？其實秘密就藏在天鵝的屁股裡。牠們會從屁股上的洞——尾脂腺中，分泌出凝膠狀的油脂。然後以鳥喙熟練地沾取這個油脂來使用，如果有時間的話還會塗滿全身。

從容自在游泳的美麗天鵝，竟然會將屁股分泌的油脂亂塗在身上，還真是一件非常沒關係的事情呢！不過，從尾脂腺分泌的油脂，其防水效果非常好。多虧了這個油脂，天鵝才有辦法輕飄飄地浮在水面上。

【動物資料】

大天鵝

棲息地	池塘、沼澤、河川（在10～4月時飛來日本）
大小	約140cm
重量	8～12kg

今天也很光滑亮澤！
哇！屁股總是閃閃發亮呢！
從屁股分泌油脂，還真是不可思議。
到底是什麼感覺呢？

烏龜的龜殼其實是肋骨

身穿看似厚重的龜殼的烏龜。若要說從很久以前就存在於日本的烏龜，包括了幼體被稱為「錢龜[*5]」的金龜，還有僅棲息在日本的日本石龜等等。

烏龜的龜殼乍看之下，會不會覺得好像可以脫下來呢？或許很多人會這樣認為，但很遺憾地那是脫不下來的。這是因為烏龜的龜殼是從肋骨演化而來，也就是相當於在人類胸口部分的骨頭。龜殼和身體緊緊相連在一起。

美國的一個研究（※）針對烏龜祖先的骨頭進行調查，並且推測其演化的過程。結果發現肋骨是逐漸增寬、變大，最終包覆烏龜的身體，進而形成現在的龜殼！為了保護身體，抑或是為了在水中更容易游泳等等，雖然關於龜殼的形成有諸多說法，但是目前仍不曉得肋骨會演變成龜殼的確切理由。到最後變成要一直揹著跑出來的肋骨的烏龜。為什麼要故意帶著這麼重的塊狀物呢？各種沒關係的謎團還真是深不可測呀。

*譯註5：原文「ゼニガメ」，其實就有金龜的意思了。反倒是成體，日本人稱為「クサガメ」，就字面上而言是指臭龜或草龜。

〔動物資料〕

日本石龜	
棲息地	池塘、沼澤
大小	10～25cm（殼長）
重量	500～1050 g

※根據美國的史密森尼博物館研究所的古生物學者泰勒·萊森（Tyler Lyson）博士等人的研究。

演化，
是非常花時間的～

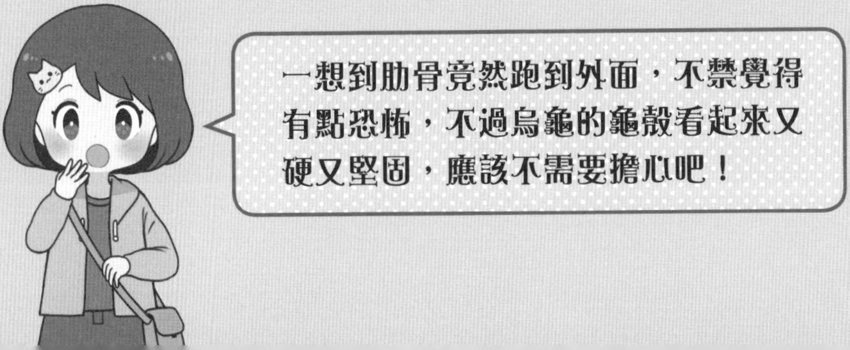
一想到肋骨竟然跑到外面，不禁覺得有點恐怖，不過烏龜的龜殼看起來又硬又堅固，應該不需要擔心吧！

難看寒酸的模樣
就是孔雀戀愛結束的信號

當顏色鮮艷的羽毛像扇子一樣大幅展開，孔雀那美麗的模樣總是令人驚嘆不已，不過，那些交織成眼狀花紋的美麗飾羽，其實只有雄性才有。很可惜的是，母鳥的全身幾乎都是褐色，看起來十分樸素。唯獨公鳥才擁有美麗羽毛，是因為要向雌性展現自我風采以求得對方的接納，並藉此繁衍後代子孫。為此，公鳥的羽毛演化成非常漂亮的模樣。

不過，公鳥的飾羽是只有在繁殖期（3～6月）才會出現的限定品。一旦過了繁殖期，飾羽就會漸漸脫落，到最後變成難看而寒酸的模樣。如果求婚有成功當然是最好，但要是被母鳥給甩了，那不堪入目的沒關係模樣還真有點尷尬。話雖如此，到了下一次要談戀愛的時候，羽毛還是會順利地再長回來。只要明年再好好努力加油就可以了。

〔動物資料〕

印度藍孔雀	
棲息地	低海拔山林地帶的樹林、草原、農耕地
大小	90～130cm
重量	2.8～6.0kg

當時是多麼受人愛戴……
我還以為美麗的羽毛會一直留在身上！
在飾羽掉光之前就是勝敗的關鍵啊。
加油，孔雀！

小環頸鴴是抱著複雜的心情在假裝受傷

以蚯蚓及昆蟲為食，在河川、池塘或沼澤附近生活的小環頸鴴。若在養育孩子的過程中，發現有敵人覬覦自己巢中的蛋或雛鳥，親鳥就會開始做出一種古怪的行為。

首先，牠們會以鳴叫聲告訴雛鳥們要一動也不動地待在鳥巢裡，接著會在遠離鳥巢的地方故意假裝受傷，做出一種名為「擬傷」的行為！

也就是誇張地拍動翅膀，動作招搖得就像在試圖告訴敵人：「我

〔動物資料〕

小環頸鴴	
棲息地	河灘的多石地
大小	14～16cm
重量	30～50ｇ

嗚嗚，其實
好想逃走呀～
但是我得保護
雛鳥們……

現在受傷了喔？」讓敵人的注意力集中在自己身上，再慢慢地把敵人帶離雛鳥所在的鳥巢。等到確定敵人已經離得夠遠了，小環頸鴴才會停止假裝受傷的行為，一溜煙地逃得消失無蹤。

也許各位會覺得小環頸鴴能夠用演技欺騙敵人，想必是一種頭腦非常好的鳥類，但這其實是「身為父母想要保護雛鳥」的心情，再加上「其實很想趕緊逃離這裡」的心情，兩者互相衝突的結果所產生的行為。心中驚恐萬分，心臟也怦怦亂跳。因為複雜的心境而陷入恐慌狀態的小環頸鴴，或許這是牠唯一的手段也說不定。

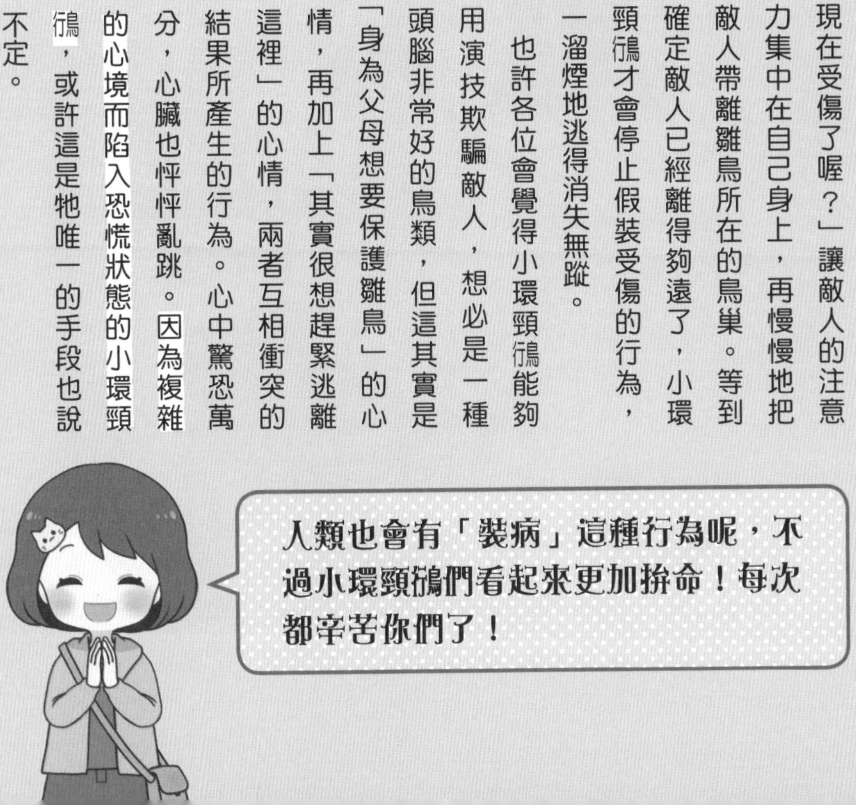
人類也會有「裝病」這種行為呢，不過小環頸鴴們看起來更加拚命！每次都辛苦你們了！

爛醉如泥的

駝鹿

超喜歡喝酒的

筆尾樹鼩

小心別飲酒

過量！！

8月19日 星期日

天氣 陰

地點 丘陵

今天的主題

喝醉的沒關係動物

成年的人會喝酒，
但你知道有些動物也會喝酒嗎？
國外的駝鹿會去吃像酒一樣的發酵蘋果，
聽說還曾經發生過醉醺醺的駝鹿卡在樹上
的事情呢。
除此之外，還有一種鼠類叫做筆尾樹鼩，
牠們最喜歡喝酒了！
不管是人類或動物都要小心別飲酒過量啊！

老師的話

根據美國最新的研究發現，果蠅似乎有時候也會出現酒精依賴的症狀！　老師也會小心不要喝太多酒。

第4章

森林能見到的沒關係動物

森林是個不可思議的地方。

一想到有許多動物在這座森林裡生活，就會感受到生命的神秘。

來，快去見見那些在森林裡的沒關係動物們吧！

焦躁無比的松鼠超可愛

咕溜溜的大眼睛再加上毛茸茸的長尾巴，可愛到不行的松鼠。松鼠的這條尾巴具有許多功能，像是在奔跑、爬樹時保持平衡，有時候也會拿來當作雨傘或是枕頭的代替品。

藉著尾巴的動作，也可以得知松鼠當下的情緒。當尾巴緊貼著背部立起來的時候，就是處於警戒狀態。只是採取容易逃走的姿勢罷了。

此外，當尾巴可愛地左右搖擺時，這種反應稱作「滋擾（mobbing）」，正在對周遭警戒、或是威嚇敵人等等，是松鼠感到緊張的證據。

有時候還會用尾巴激動地拍打地面。雖然我們會覺得這個動作實在太「可愛」了，但是如果轉換成松鼠本人的立場，當下的焦躁情緒可說是突破極限了！明明心情很不安，卻因為毛茸茸的尾巴而看起來很可愛。松鼠呀，儘管那可愛的模樣和你的心情大相逕庭，但是不管再怎麼焦躁，在我們眼裡看來都會覺得根本不必擔心吧。沒關係啦！

〔動物資料〕

日本松鼠

棲息地	森林地區
大小	16～23㎝
重量	250～350ｇ

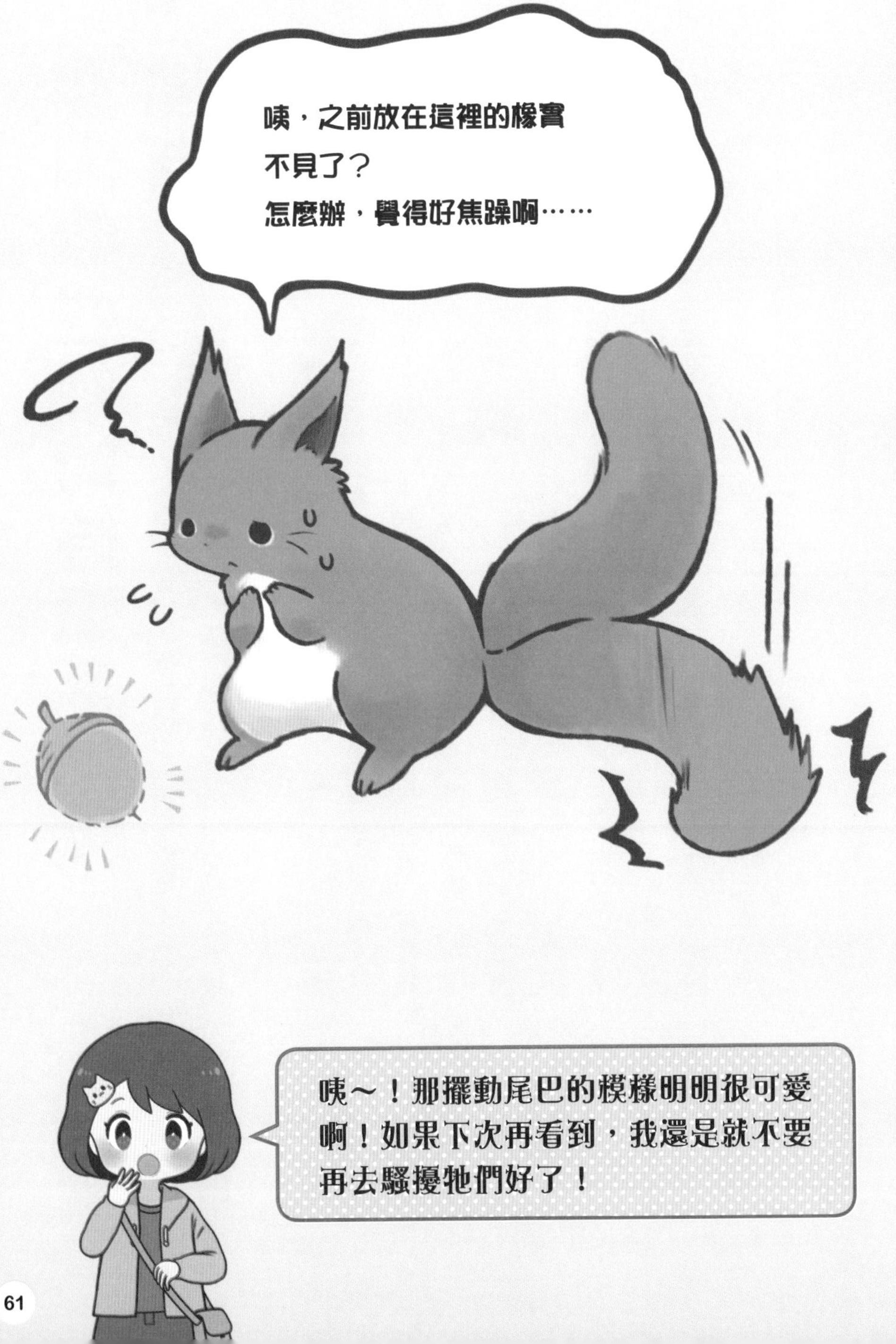
咦，之前放在這裡的橡實
不見了？
怎麼辦，覺得好焦躁啊……
咦～！那擺動尾巴的模樣明明很可愛
啊！如果下次再看到，我還是就不要
再去騷擾牠們好了！

獨角仙在蛹的時期因為「想保護自己」而發抖

獨角仙從卵中誕生，幼蟲在10～5月左右的這段期間都是在土壤中長大。接著，在5～6月時蛻變成蛹，然後在7月左右就會羽化成成蟲。

即便是頭上長有巨角、有「昆蟲之王」美稱的獨角仙，在蛹的時期也是處於手腳無法動彈的無力狀態。要是有別的幼蟲之類的傢伙靠近自己，就會非常危險。

而且，獨角仙的蛹所待的房間——蛹室，脆弱到只要稍微受到一點衝擊就會崩塌瓦解，如此太沒關係的耐震強度簡直是不堪一擊。

要說蛹到底是用什麼方法在保護自己的，其實只有拚命地發抖而已。藉著直打哆嗦來發出信號讓外敵不要靠近，這是根據東京大學的研究（※）所發現的事實。一邊祈禱自己趕快變成成蟲，一邊因為「想保護自己」而顫抖。

〔動物資料〕

獨角仙

棲息地	闊葉樹林
大小	30～54㎜
重量	4～10ｇ

※根據專攻領域為生產與環境生物學的東京大學研究所農學生命科學研究科的石川幸男教授等人的研究。

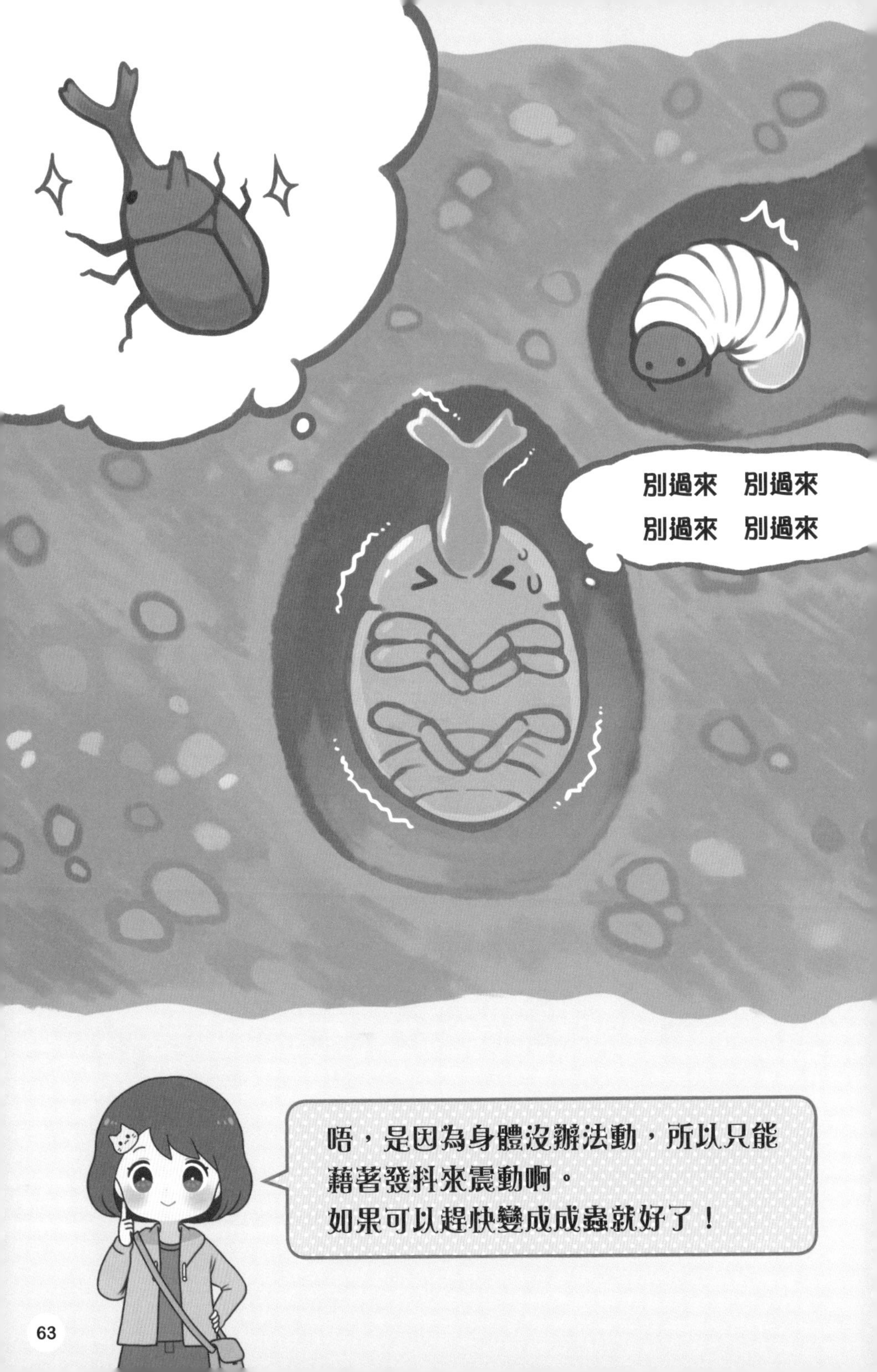
別過來　別過來
別過來　別過來
唔，是因為身體沒辦法動，所以只能藉著發抖來震動啊。如果可以趕快變成成蟲就好了！

棕耳鵯會故意吵醒正在睡覺的貓頭鷹以叫聲來威嚇對方

因為會用「咿——唷！咿——唷！」的高亢聲音鳴叫，所以名字就叫做咿*6唷鳥了。不過，實際上只能聽到「劈——唷！劈——唷！」的聲音。牠們的個性十分活潑，總是聒噪不已地在鳴叫。

儘管棕耳鵯那十分吵鬧的鳴叫聲令人類感到頭疼，但是最大的受害者搞不好是貓頭鷹才對。

棕耳鵯的警戒心非常強，當牠們一發現在白天不常見到、比自己還要大的貓頭鷹時，就會發出很刺耳的聲音或是用尖叫聲來威嚇對方，就像是在說「我的老天，有敵人啊！」一樣。這是當小鳥面對大鳥時所採取的行為之一，稱作「滋擾（mobbing）」。總之就是用很大的聲音讓對方感到不快，藉此達到驅趕的效果。原本只是在安靜熟睡的貓頭鷹，卻無端受到意料之外的警鈴轟炸，就這樣被強迫叫醒了。

*譯註6：棕耳鵯的日文為「ヒヨドリ」，直譯就是咿唷鳥。

〔動物資料〕

棕耳鵯	
棲息地	低海拔山區的森林、樹木較多的市區街道
大小	25～29㎝
重量	66～100ｇ

喂喂！
你不准過來
這邊哦！
沒有啊……
我只是在睡覺而已
棕耳鵯的警戒心還真強呢！
不過，太吵的話會給人添麻煩，看在貓頭鷹的份上就安靜一點嘛！

睡鼠用尾巴來換取性命所以禿了

睡鼠雖然長得跟松鼠或老鼠很像，但在分類上卻不同，是歸類於睡鼠屬。其中的日本睡鼠是一種只棲息在日本的動物，而且還被指定為國家的天然紀念物。

住在森林裡的夜行性動物日本睡鼠。那毛茸茸的尾巴具有重要的功能，可以幫助牠們在樹上移動時保持平衡。

只不過，這條尾巴呢……只要一抓住，只有毛的部分就會「啵」地脫落，就跟脫下手套時的情況很像。而且沒關係的是——那模樣連骨頭都看得一清二楚。那麼可愛的睡鼠尾巴就這樣禿掉了。明明是生活中必不可少的尾巴，結果竟然就這樣脫落了，也太沒關係了吧！

只有尾巴的部分能脫落，是為了確保被敵人襲擊時，就算尾巴被抓住也可以放棄尾巴逃生，藉此保障身體周全的一種特技。用尾巴來換取性命，日本睡鼠就可以逃出生天了。

〔動物資料〕

日本睡鼠	
棲息地	森林
大小	約8cm
重量	約25ｇ

咿啊！
啵！

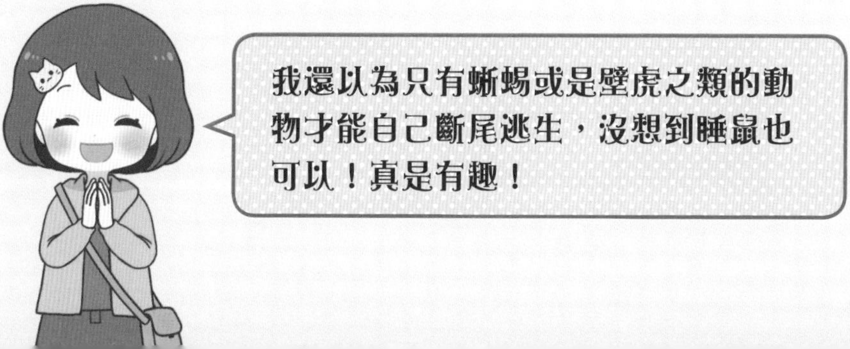
我還以為只有蜥蜴或是壁虎之類的動物才能自己斷尾逃生，沒想到睡鼠也可以！真是有趣！

母蝸牛因為戀矢而減少壽命

在蝸牛當中，有些種類的個體會同時具有雄性與雌性的生殖器（雌雄同體）。據說這是因為要和移動緩慢的同伴相遇並非易事，所以才會演變成即便不是一公一母，只要有兩隻蝸牛在就可以生小孩。

兩隻蝸牛互相面對面，然後將名為戀矢（love dart）的堅硬槍狀器官刺入對方的體內進行交配。此時，被刺的一方就是雌性，之後會產下孩子。利用刺入戀矢來支配對方，藉此使其產下自己的孩子，這樣的說法被公認為最有力的解釋。

根據最新的東北大學的研究（※）發現，被戀矢刺中而成為雌性的蝸牛，其壽命從原本的平均60天縮減為只剩45天左右可以活。一般認為或許是為了要防止與其他對象交配。話雖如此，看起來還真痛。沒關係！

〔動物資料〕

琥珀扁蝸牛	
棲息地	草木的根部、農耕地
大小	約15㎜（殼徑）
重量	約2ｇ

※根據東北大學的生物學者木村一貴等人的研究。

噗嘶！
哎～呀～住手～

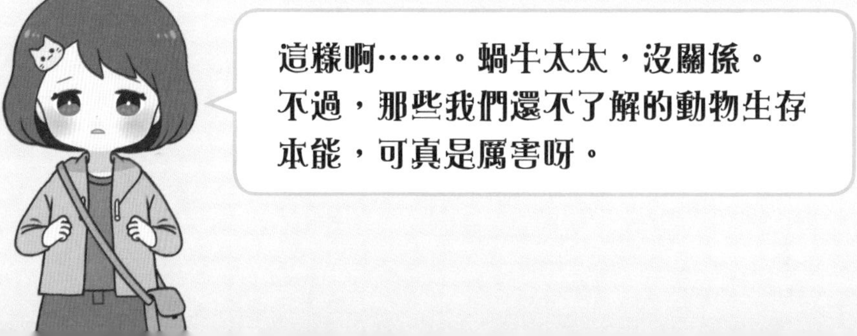
這樣啊……。蝸牛太太，沒關係。
不過，那些我們還不了解的動物生存
本能，可真是厲害呀。

狐狸偶爾會倒栽進雪裡

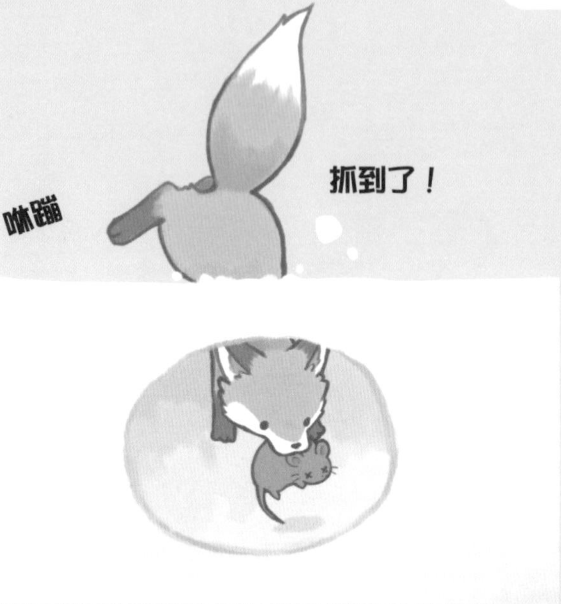

在日本稱之為「狐狸」的，是紅狐這種種類。因為帶有紅色的毛，所以被命名為赤狐。

紅狐是以老鼠或兔子、昆蟲類、蚯蚓、蛋、果實等為食，但若是在積雪很深的地方，牠們又是怎麼狩獵的呢？答案令人意外，是一種充滿了躍動感的方法。當紅狐察覺到雪裡傳來的微小聲響，就會毫不猶豫地飛躍起來！把頭倒插進雪中，藉此來捕獲獵物。

費時2年，觀察了84隻紅狐共約600次的倒插動作，捷克的

〔動物資料〕

紅狐	
棲息地	森林
大小	66～68cm
重量	5.2kg

※根據捷克的研究人員雅洛斯拉夫．切爾韋尼（Jaroslav Červený）等人的研究。

嗯？有動靜？
在這裡啊
看我的！

研究人員（※）發現了一個很有趣的規律。紅狐們有很多次都是朝東北向倒插，而且在這個方向倒插的時候，捕獲獵物的準確率竟然高達了73％。

一般認為這是因為狐狸具有第六感——磁覺的關係。看來一頭倒栽進雪裡的狐狸，並不是因為一時興起才會倒插的唷。

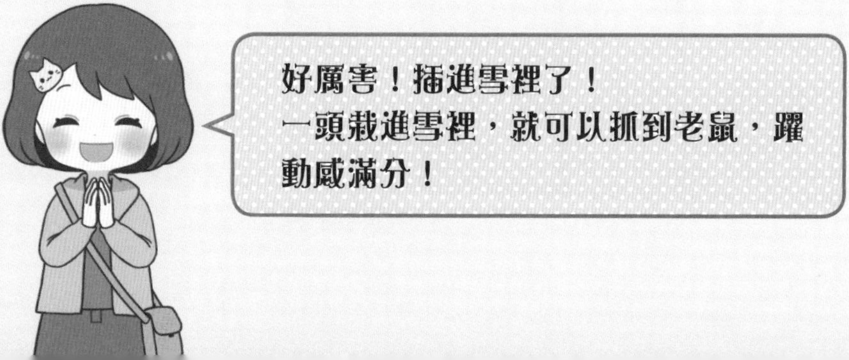
好厲害！插進雪裡了！
一頭栽進雪裡，就可以抓到老鼠，躍動感滿分！

這樣看來最可憐的好像
是企鵝耶

	甜	酸	鹹	苦	鮮
人類	○	○	○	○	○
貓	×	○	○	○	○
小鳥	○	○	○	○	○
狗	○	○	×	○	○
企鵝	×	○	○	×	×

9月4日 星期二

天氣 多雲

地點 原野

今天的主題

吃不出甜甜的味道？

動物的味覺真有趣！

我非常喜歡吃飯，
不過在動物當中也有嚐不出味道的動物。
我去調查過了唷!!
看樣子最可憐的是企鵝。
據說牠們只嚐得出酸酸的食物和鹹鹹的食物。
也就是說，就算牠們吃了蛋糕
也不會覺得「好好吃～」嗎？
不知道美味是什麼感覺，好像有點可憐……。

老師的話

很不可思議吧。人類會有「好美味」、「好難吃」這些感覺，但是不知道動物在吃東西的時候，會有什麼樣的感覺呢？

第5章

大海能見到的沒關係動物

有句話說「所有的動物都是從大海孕育而來」，
但是關於海中生物的大小事，目前仍有好多未知的部分。
那些在海裡能見到的動物，有著什麼樣沒關係的一面呢？

蠑螺直到不久之前都還沒有被取學名

令人十分訝異的是，蠑螺直到不久之前都還沒有被賦予一個正式的學名（在學術方面所使用的名字）。

一直以來，日本的蠑螺都被稱作「Turbo cornutus（トゥルボ・コルヌツス）」，這是在1786年由一位英國的僧侶兼博物學者約翰・萊特富特（John Lightfoot）所命名。但是，這其實是產自中國的角蠑螺的學名，根本是不同的生物。1848年一位貝類學者李維（※1），因為誤把日本的蠑螺和角蠑螺當成同一個物種，所以在那之後就一直錯下去了。

不過，岡山大學的福田副教授（※2）指摘了這個錯誤。2017年，他提出「日本的蠑螺應該要被視為一個新的物種！」的見解，並命名為「Turbo sazae Fukuda（トゥルボ・サザエ・フクダ）, 2017」，讓日本的蠑螺終於有了一個正式的學名。真是太好了！

〔動物資料〕

蠑螺

棲息地	岩礁
大小	約10㎝
重量	50～200ｇ

※1　是指英國的貝類學者洛維爾・奧古斯都・李維（Lovell Augustus Reeve）。

※2　是指岡山大學研究所環境生命科學研究科的福田宏副教授。

真是的！
這可真是失禮吶！

居然這麼長一段時間都沒有被命名，
海螺小姐，還挺沒關係的耶。
在動畫裡[*7]明明那麼有名！

＊譯註7：是在說日本的長壽國民動畫《海螺小姐（サザエさん）》。本篇所說的蠑螺＝海螺＝「サザエ」。

珊瑚之所以這麼美麗都是魚尿的功勞

珊瑚經常被誤認為是石頭或是植物，但牠們是貨真價實的動物。主要可以分成兩種，一種是製造珊瑚礁的造礁珊瑚，另一種則是單體生活的非造礁珊瑚。被稱為珊瑚礁的，是珊瑚利用碳酸鈣打造骨骼所產生的一種地形。就像是珊瑚美麗的家園一般。

根據最新的研究（※）發現，魚的尿液中含有的營養素，有助於珊瑚礁常保健康與美麗。儘管珊瑚能夠從陽光中得到許多能量，但是像氮、磷這些能讓珊瑚變美的營養素，卻不是那麼容易取得。因為珊瑚動不了嘛。因此，珊瑚會從魚的排泄物中攝取必要的營養素，藉此保有美麗與健康的身體。

對珊瑚礁來說，混雜了魚尿的海水就像是浸泡在美味餐點中的營養補給品。不過，若要說魚的尿液和珊瑚的美麗之間有什麼關聯性，感覺就有點複雜了。

〔動物資料〕

軸孔珊瑚科

棲息地	淺海（造礁珊瑚的話）
大小	0.6～30cm（桌狀群體）
重量	10ｇ左右～100kg以上

※根據美國的華盛頓大學的研究人員所率領的團隊的研究。

魚的尿液還真厲害呢！
要讓珊瑚變得美麗，換成人類的尿液
不曉得可不可以呀？

豆形拳蟹明明是螃蟹卻能夠向前走

說到螃蟹，大家都曉得牠們以橫著走路而出名。至於為什麼會橫著走路，是因為螃蟹的腳連接在身體的側邊，且兩邊各有五隻腳（其中各有一隻是蟹螯）。腳和腳之間的間距狹窄，想要往前走的話馬上就會撞在一起，沒辦法快速移動。橫向的話會走得比較快，所以才變成了橫著走路。

在淺灘的沙地岸邊，經常可以看到豆形拳蟹這種小型的螃蟹。雖然是螃蟹，但這種螃蟹的腳又細又長，而且腳的關節和關節之間保有足夠的間距，所以除了基本的橫著走路之外，往前走或是往後走也都難不倒牠們。帶著堅硬蟹殼前進的模樣，就像是小型機器人一樣。

那麼厲害的豆形拳蟹，一發現敵人的反應卻是一動也不動地原地裝死。而且，牠們平常只會吃花蛤等死掉的貝類。這是因為豆形拳蟹的體型太小，能夠捕獲獵物的攻擊力幾乎等於零，所以沒辦法靠自己捉住獵物。沒關係！

〔動物資料〕

豆形拳蟹

棲息地	內灣的泥灘
大小	約22mm（殼長）
重量	約2g

是的！
人生就要積極向前！

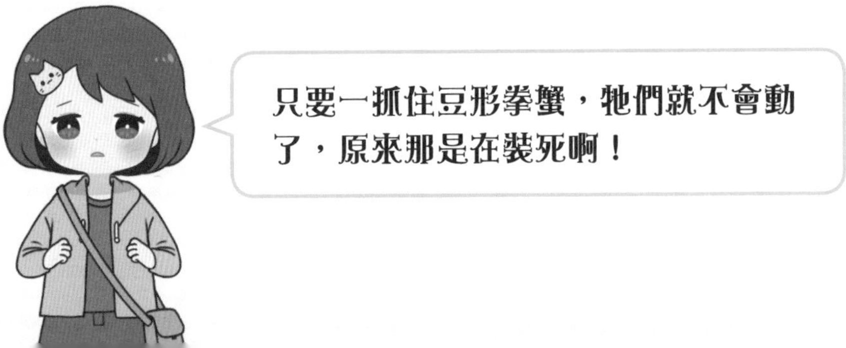
只要一抓住豆形拳蟹，牠們就不會動了，原來那是在裝死啊！

都是大了便的櫛水母害的 讓全世界的學者超級混亂

至今以來都認為，從前的動物祖先只具有嘴巴而已，而用來大便的孔洞——也就是肛門，應該是在演化的過程中產生的。

只有嘴巴的動物，像是海葵以及珊瑚等等，就是保有這種構造的原始生物。櫛水母動物門也一樣，在嘴巴的相反側有一個像是肛門般的孔洞。只不過，由於牠們會從嘴巴排出大便這點已經被證實了，所以一直以來都認為櫛水母和那些原始生物在分類上是較為相近的動物。

話雖如此，櫛水母從肛門排出大便的瞬間又被錄影機給拍（※）了下來，一度造成全世界的學者感到超級混亂！「難不成，動物從一開始就具有肛門!?」因為出現了這種可能性的關係。至今為止關於肛門起源的學說，就這樣因為櫛水母大便的影片而被顛覆，引起了令全世界人仰馬翻的大騷動。

〔動物資料〕

兜水母（櫛水母動物門）

棲息地	海裡
大小	約10cm
重量	約100ｇ（97%是水分）

※根據美國的邁阿密大學的演化生物學者威廉・布朗（William Browne）的研究。

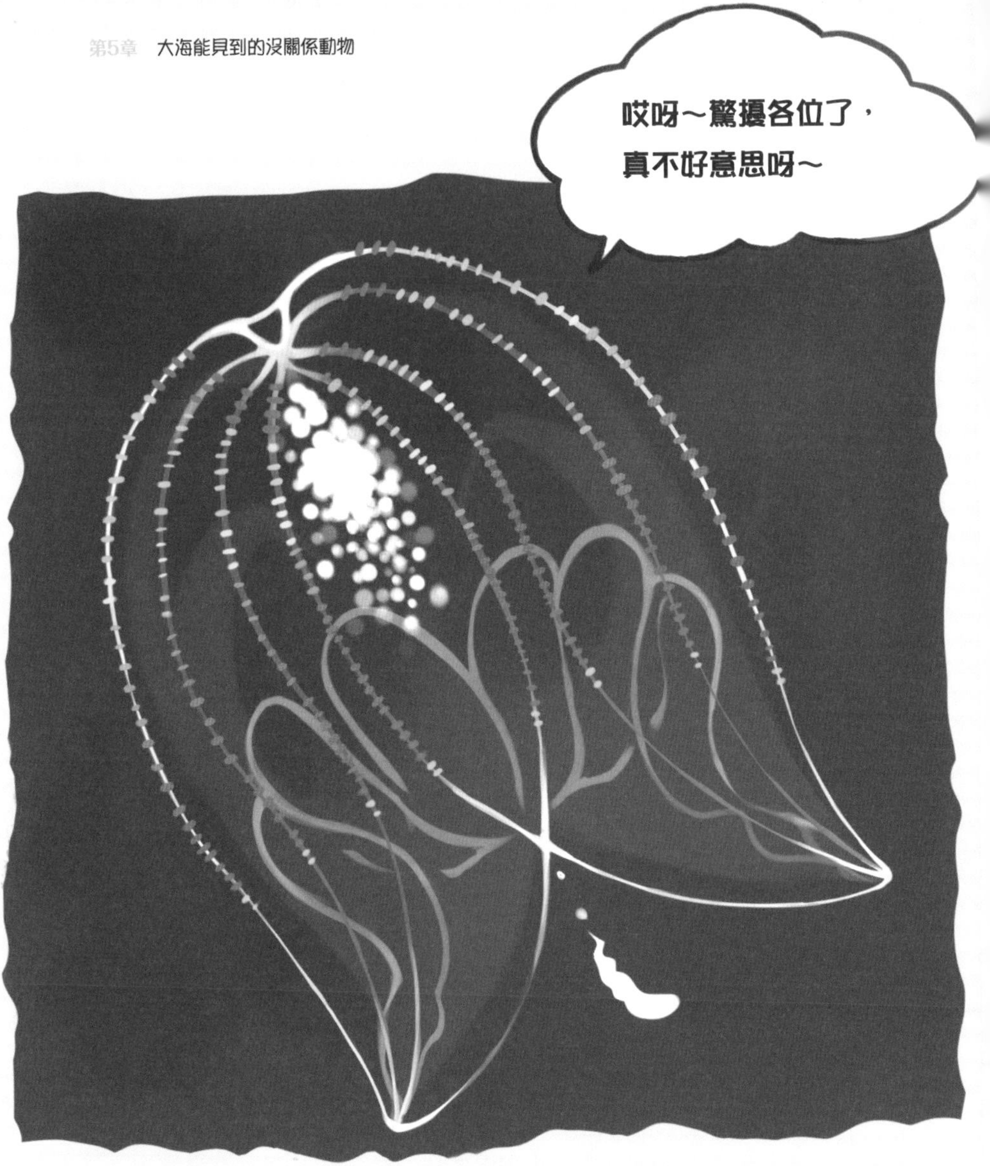
哎呀～驚擾各位了，
真不好意思呀～

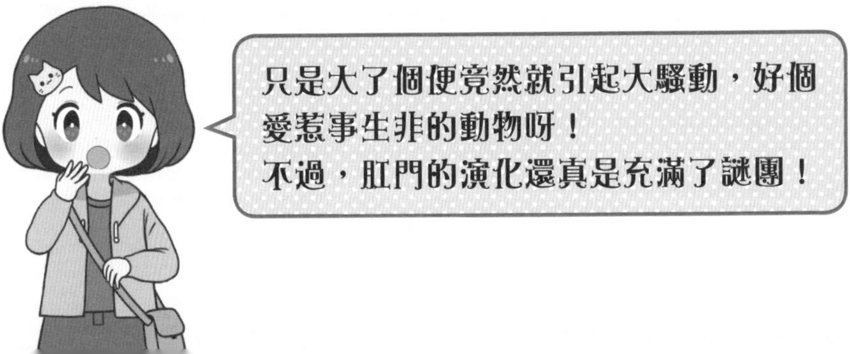
只是大了個便竟然就引起大騷動，好個
愛惹事生非的動物呀！
不過，肛門的演化還真是充滿了謎團！

紅嘴鷗夫婦絕對不能互相看到對方烏漆墨黑的臉

紅嘴鷗屬於鷗科，特徵是鳥喙及雙腳都是紅色的。這種紅嘴鷗的臉在夏天及冬天會改變模樣，簡直就像是不同種類的鳥。

鳥類一年會更換一次羽毛，這段時期稱為換羽。紅嘴鷗的話，在冬季期間全身幾乎都是白色的，但是一到了夏天，臉部周圍的羽毛就會開始脫落，不知怎地只有臉的部分會變成黑色。那模樣像極了戴上黑色頭巾或面罩的小偷。

正值繁殖期的紅嘴鷗攻擊性很強，尤其雄性之間會用黑色的臉惡狠狠地瞪視對方。對牠們來說，有著「黑色的臉＝吵架」的認知。就算是恩愛的夫妻檔也會因此而吵架，所以夫妻之間也會盡量避免互相看到對方黑色的臉，而有「別過頭」的行為。雖然是伉儷情深、共度一生的好伴侶，因為這個黑臉的關係，還是得背對背度過一整個夏天。

〔動物資料〕

紅嘴鷗	
棲息地	海邊沿岸、河川、沼地
大小	約40cm
重量	約300ｇ

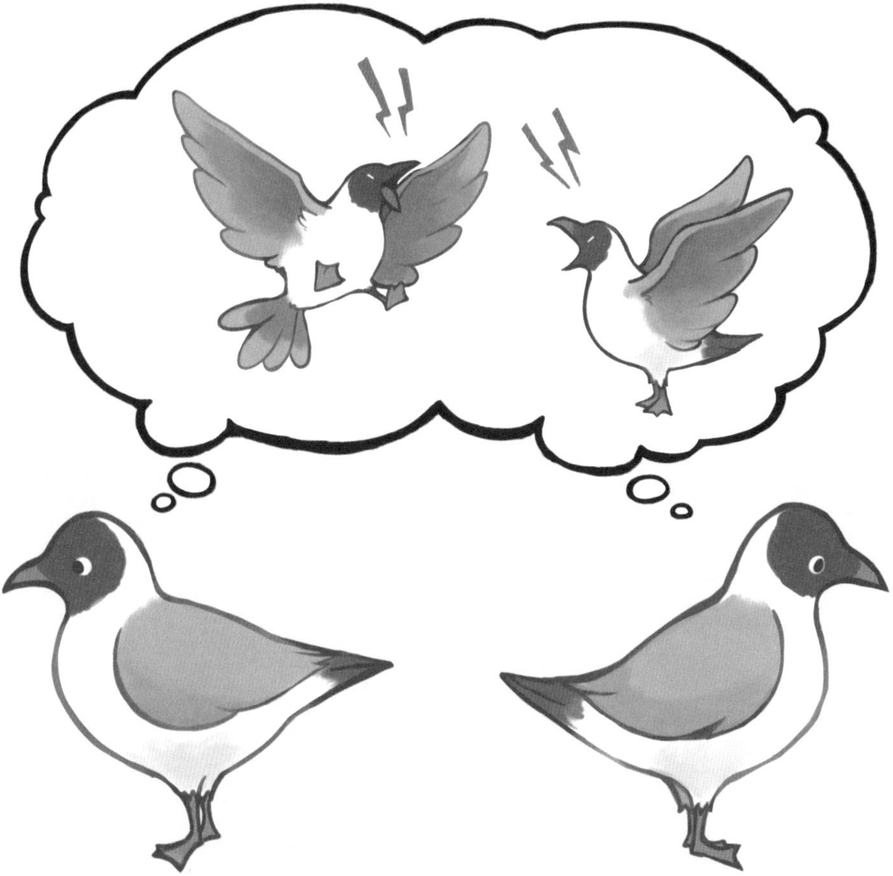

為了彼此好，還是不要看到臉比較好……

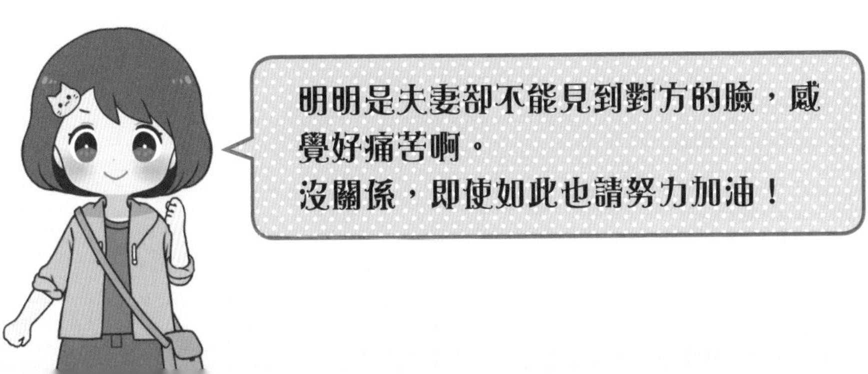
明明是夫妻卻不能見到對方的臉，感覺好痛苦啊。
沒關係，即使如此也請努力加油！

蝦子的尾巴和蟑螂的翅膀是同一種成分

日本人最愛吃的蝦子。包覆在這些蝦子身上的殼及尾巴，主要是由幾丁質這種成分所構成。而且，有件事各位或許並不想知道，其實蟑螂的翅膀也是由同一種幾丁質構成的。也就是說，很遺憾地蝦子的尾巴和蟑螂的翅膀是同一種成分。

不過，螃蟹等甲殼類和獨角仙等昆蟲類的殼等等，其中也含有幾丁質。據說這個幾丁質具有降低膽固醇值及血壓、清潔腸內等作用，是一種在健康或減肥方面備受矚目的成分。話雖如此，當蝦子出現在眼前卻想起蟑螂的話，食慾肯定會下降吧……。

附帶一提，插圖畫的是葉齒鼓蝦。可以在退潮的沙地岸邊等處發現牠們的蹤跡哦。

〔動物資料〕

葉齒鼓蝦

棲息地	淺瀨、海邊沿岸等
大小	約3cm
重量	約0.3g

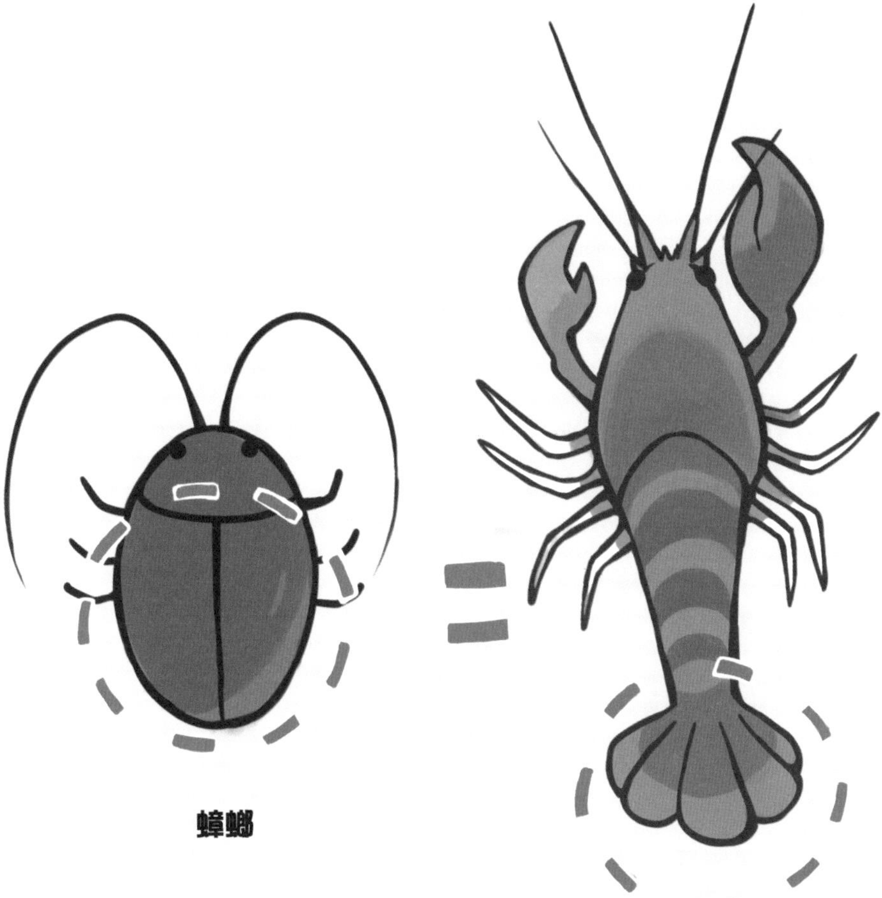
蟑螂
蝦子

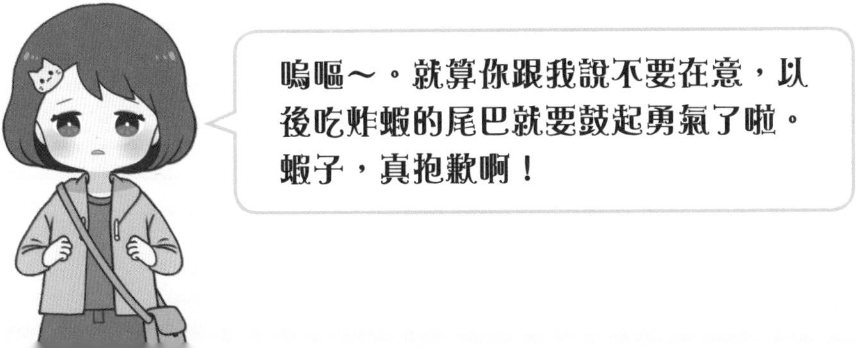
嗚嘔～。就算你跟我說不要在意，以後吃炸蝦的尾巴就要鼓起勇氣了啦。蝦子，真抱歉啊！

草莓牛奶
海蛞蝓
金平糖
海蛞蝓
刺刺
海蛞蝓
生剝鬼＊8
海蛞蝓
可麗餅
海蛞蝓

＊譯註8：生剝鬼是日本秋田縣的著名傳統鬼怪，頭戴猙獰的鬼面具，身穿蓑衣和草裙。最普遍的就是戴紅面具及戴藍面具的生剝鬼。

10月10日 星期三

天氣 晴

地點 沙岸

今天的主題

海蛞蝓的名字實在太貼切了

好可愛！

今天要來寫的是一種叫做海蛞蝓的貝類。由於貝殼的部分已經退化了，所以長得很像五彩繽紛的海中蛞蝓。我去查了牠們的名字，結果發現竟然有不少像是草莓牛奶這種可愛的名字！跟外表也十分貼切。而且聽說海蛞蝓有多達三千種呢！我之後還要再去調查更多有著奇怪名字的海蛞蝓！

老師的話

好可愛！如果小舞發現了新品種的海蛞蝓，不知道會取什麼樣的名字呢？如果是老師的話，我想要幫牠取名為芒果海蛞蝓！

ZOO

第6章

動物園能見到的沒關係動物

你知道動物園的動物們也有非常沒關係的一面嗎？

動物園裡大受歡迎的動物自不用說，較少見的動物又是如何呢！？

來去見見更多更多的動物吧！

水豚在外國被當作魚類

祥和而穩重的水豚是動物園裡頗受歡迎的動物。野生的水豚棲息在南美熱帶雨林的河川等水邊及草原，也被稱作「水豬」，不過牠們可是貨真價實的鼠類。

那樣的水豚，沒想到在義大利的梵蒂岡城國竟然是被視為「魚類」。明明很明顯地看得出來不是魚，但是又為什麼會變成這樣呢？

梵蒂岡城國的部分天主教徒在「四旬期（Lent）」的這段期間（40天）可以吃魚，但是吃肉是被禁止的。即使如此，人們還是止不住「也好想吃肉啊」的念頭。

因此，當地人便以「水豚在水裡生活的時間很長」為藉口，把水豚當作魚類看待，這樣一來就算吃了水豚肉也沒有關係了。從水豚的立場來看，可說是無端遭受牽連呀！附帶一提，水豚肉吃起來的味道就像是沙丁魚跟豬肉混在一起。好像意外地行得通耶？

【動物資料】

水豚	
棲息地	南美
大小	106～134cm
重量	35～66kg

我是你的同伴嗎？
水豚
並不是唷！
魚
明明有著豐厚的軟毛呀！
水豚，不要緊的！
我從來沒有懷疑過你不是哺乳類唷！

雪豹一旦受到驚嚇就會叼住自己的尾巴

豹屬的雪豹正如其名，特徵是有著像雪一樣的潔白腹部。由於住在寒冷的地區，所以毛皮相當厚實。但那美麗的毛皮也因此被人類盯上，甚至一度有滅絕的危機，不過如今靠著各項保育措施，數量已經有在逐漸恢復當中。

雪豹有一條長約80～100cm的尾巴。這條尾巴可以幫助牠們在奔跑時保持平衡，或是當作圍巾拿來包捲身體等等，可謂十分便利。有時候，也會看到雪豹**大口叼住尾巴**的可愛模樣。不過，當雪豹叼著尾巴時，其實**當下是非常不安的**。就像我們從小抱著玩偶或觸摸毛毯時會感到安心一樣，一般認為雪豹也是在叼著尾巴時會感到放心。雖然在我們的眼裡看來很可愛，但雪豹的內心卻是惶恐不安。

【動物資料】

雪豹	
棲息地	阿爾泰山脈、興都庫什山脈、喜馬拉雅山脈
大小	120～150cm
重量	25～75kg

好、好可怕哦……！
好可愛～！要是我也有尾巴的話，或許也會毫不猶豫地叼下去！如果人類也有尾巴就好了！

樹懶明明是面無表情 看起來卻像面帶微笑!?

樹懶大致可以分為兩種——樹懶科以及二趾樹懶科。二趾樹懶科的前腳有兩根爪子，樹懶科的前腳則具有三根爪子。

樹懶幾乎沒有肌肉。並不是牠們「不動」，正確來說應該是「動不了」才對。由於一直以吊掛的狀態過活，所以肌肉已經嚴重退化了。

不過，去看看樹懶的臉，就會發現牠們總是面帶微笑。要在臉上做出表情的時候，理所當然地需要表情肌這個肌肉，不過樹懶應該沒有肌肉才對。其實樹懶本人根本是面無表情的代言人，因為連表情肌都沒有，只是看起來像笑臉罷了。不論是寂寞的時候也好，恐懼的時候也罷，和自己的真實感情毫不相干、總是面帶微笑的樹懶，究竟能不能算是幸福呢。

【動物資料】

二趾樹懶

棲息地	南美
大小	58～60cm
重量	3.5～4.5kg

微笑 0 元♥
樹懶面無表情也太好笑了！
嘿嘿，如果下次遇到樹懶，我想問問牠：「你現在在笑嗎？」

母藪犬尿尿的姿勢就像特技體操

據說藪犬是最原始的狗，牠們有著一雙圓潤小巧的耳朵，以及修長的身軀和短小的四肢等特徵，與其說是狗的近親，反而還長得比較像獾呢。不過，正如其名字中帶有「藪」字，這樣的體型在雜草叢生的野地裡生活非常方便。就算是在樹木林立、枝繁葉茂的幽深林野中，藪犬也可以穿梭自如。若是在細長的巢穴裡遭逢敵人，也能夠面朝前地直接往後退來逃生。

如此靈巧的藪犬，出於某種原因只有雌性是用倒立姿勢在尿尿的。公藪犬就跟狗一樣是抬起單腳來尿尿，但唯有母藪犬的姿勢特別像特技體操。據說這是為了要在比雄性還要高的位置撒上自己的味道（＝做記號），藉此來宣示擁有較廣的地盤才會這樣的。或許這是雌性不願服輸的一種表現也說不定呢。

【動物資料】

藪犬	
棲息地	巴西
大小	約66cm
重量	5.0〜7.0kg

看起來好辛苦……
嘿咻！
雄性
雄性
每次尿尿都要倒立的母藪犬，看起來
好辛苦啊！
為什麼公藪犬就不會倒立呢？

公環尾狐猴不阿諛諂媚的話就活不下去

根據加拿大的大學觀察環尾狐猴的最新研究（※）發現，為了能和同伴們友好相處，弱小的公猴特別多話。無法成為首領的雄性其立場十分薄弱，因而時常被雌性同伴追打、啃咬，但也只能咬牙忍受、努力生活。雖然也有一些為暴力所苦的弱小公猴會迫不得已在離群體稍遠的地方生活，但要是完全脫離群體的話，就有被外敵襲擊的危險性。

因此，弱小的公猴會對能接納自己的少數派同伴發出短促的叫聲，藉以大獻殷勤。以鼻音表達親暱之意，希望生活可以多少有些安全保障。弱小的公猴藉著這個撒嬌的叫聲來向同伴諂媚，儘管弱小卻也在努力求生。努力加油，不要輸啊！環尾狐猴！

環尾狐猴	
棲息地	馬達加斯加島
大小	39～46cm
重量	2.3～3.5kg

※根據科學雜誌《Ethology（動物行為學）》雜誌2017年9月刊所刊載的論文。

喔……

我是說真的
哎呀
今天也好熱
啊，您在生氣？
就是那個嘛～
您、您今天
也很美呢！
哎喲
天氣真好呢

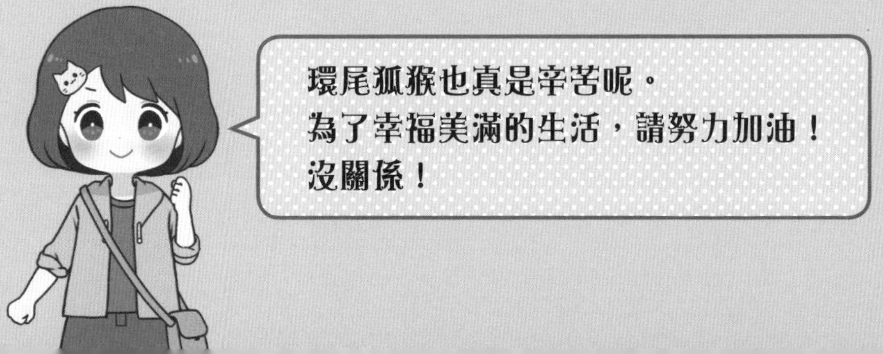
環尾狐猴也真是辛苦呢。
為了幸福美滿的生活，請努力加油！
沒關係！

鶴是真的頂著光禿禿的頭

　在日本只要提到「鶴」，大多都是指丹頂鶴。頭頂為紅色，再加上那體態曼妙的美麗模樣，堪稱是日本的象徵，在日圓的千圓大鈔[*9]上也能見到丹頂鶴的圖案。

　丹頂鶴的名字當中，「丹」是「紅色」的意思，「頂」則是「最高處」或「最上面的部分」的意思。也就是說，因為頭部是紅色的才依此命名。

　仔細去端看鶴頭的紅色部分的話，會發現那並不是羽毛。而是皮膚裸露在外，呈現紅色的顆粒狀物。一直盯著看的話不禁令人覺得有點噁心，畢竟是一顆一顆的嘛……。

　這些叫做「肉瘤」，是像疙瘩一樣的東西。頭頂之所以會呈現紅色，是因為一個很簡單的理由——那是血的顏色。感覺很像理化教室裡的人體模型吧！據說這些肉瘤和雞的雞冠一樣，具有調節體溫以及向雌性展現自我的功能。

　不過，只有鶴是真的禿頭了。

＊譯註9：是指日本於1984年～2007年間發行的千圓紙幣，正面是夏目漱石，背面為丹頂鶴。

【動物資料】

丹頂鶴	
棲息地	濕地
大小	約1.4m
重量	6.3～9.0kg

給我一些鼓勵也
沒關係唷？
我、我都不知道耶～！
一顆一顆的好像有點噁心……。
下次買頂假髮送給丹頂鶴好了。

企鵝夫婦如果不能相敬如賓 感情就會變差

雖然企鵝沒辦法在天空飛翔，卻是種鳥類。企鵝基本上都是一夫一妻制，一旦結為伴侶，就幾乎不會發生外遇的情況，夫妻倆攜手相伴到老。

儘管是那樣的企鵝，在夫妻之間仍可以見到類似於行禮的行為。這是稱作「互相表現（mutual display）」的行為之一。一般認為具有加深夫妻之間的羈絆、充分理解對方行為等功用。

在要交配之前或是輪番孵蛋時等等，當其中一隻企鵝做出行禮的動作，另一隻企鵝就會立刻低頭回禮。對企鵝夫婦來說，行禮是一個非常重要的交流溝通時的規矩。換句話說，如果不好好行禮的話，夫妻之間的感情可是會變差的哦。企鵝總是恩愛和睦的理由，或許就藏在那相敬如賓的相處之道中也說不定。我們也真想向企鵝看齊。

國王企鵝

棲息地	副南極地區的島嶼
大小	94～95cm
重量	9.0～15kg

這就是夫妻圓滿的秘訣吧……
呵呵呵，要是不低頭哈腰的話就沒辦法跟太太好好相處了，這點就跟人類一模一樣呢！

天行（Skywalker）

白眉長臂猿（hoolock gibbon）

是路克！

哈利（Harryplax）

賽佛勒斯（severus）蟹

是哈利波特的老師！

11月27日 星期二

天氣 晴

地點 公車

今天的主題

從那部電影裡來的!?

擁有超棒名字的動物

如果發現一種全新的物種，就可以幫牠們取名字。聽說天行白眉長臂猿就是由一群喜歡星際大戰的學者們所命名！

而哈利賽佛勒斯蟹雖然是一種螃蟹，不過那是在哈利波特中出現的那位老師的名字！發現這種螃蟹的人，名字好像也叫做哈利唷！

老師的話

不管是星際大戰還是哈利波特，老師都很喜歡哦！像這樣為動物取些有趣的名字，大家也會比較容易記住呢！

第7章

也許以後再也見不到的沒關係動物

在博物館的瀕危物種展等等，
可以了解和「瀕危物種」相關的知識，
也就是那些也許以後再也見不到的動物們。
我們現在能做的，就是去思考、了解快要滅絕的動物們的知識。
沒關係，即使如此也要努力加油！

瀕危物種是什麼？

已經從地球上徹底消失的動物稱為「滅絕種」，至於因為各式各樣的原因導致數量減少，恐怕有滅絕危機的動物則稱作「瀕危物種」。造成動物數量減少的原因，包括了森林砍伐、全球暖化、過度捕獵等等。

地球上有很多動物彼此之間的關係密切，以互助共生的方式維生。一旦動物滅絕，導致生命鏈及原有的平衡崩解，恐怕我們人類哪一天也會難以倖免而亡。

藪貓看起來高雅而美麗 然而一切都只是假象

在動畫《動物朋友》中登場，坐擁高人氣的藪貓。一雙大耳配上小巧的臉蛋，苗條的身軀加上修長的四肢，簡直就是動物界的超級名模。從平常是單隻行動、對狩獵十分在行的姿態中，就可以感受到幾分高雅的美麗。

不過，和那美麗有著天壤之別的，就是藪貓身為肉食動物的粗暴性格。由於牠們有傷及人類的危險性，所以日本的法律規定，如果要在動物園等處飼養藪貓的話，得先被指定為環境省的「特定動物」，而這道程序必須要得到都道府縣知事的許可才行。

藪貓的跳躍力高強，能夠瞬間飛跳至高達3m的位置，也經常藉著突襲來襲擊對手。即便正處於飽腹狀態，一旦發現有小鳥等會動的獵物從眼前經過，牠們也不會輕易放過，就是這樣的天性驅使藪貓俐落殺死手中的獵物。被美麗的外表所騙而貿然接近的話，可是會被瞬間擊殺的哦。

【動物資料】

藪貓	
棲息地	非洲的莽原
大小	70～100cm
重量	13.5～19.0kg

貴安，
祝您身體安康
呀！
吼嗚！
休想逃走！
聽說格鬥家鮑伯·薩普（Bob Sapp）
曾經養過藪貓！
雖然凶暴無比，但是外表超級可愛呢。

沙漠貓耳朵裡的毛又蓬又多

以寬扁的臉和大大的耳朵為特徵的沙漠貓。因其可愛的外表而有「沙漠天使」的美稱，是一種住在沙漠地區的野生貓科動物。

在那雙像狐狸一樣又大又尖的耳朵內側，覆滿了厚厚一層又白又長的毛。生活在沙漠中的沙漠貓，要是因為風把沙子吹進耳朵裡，那可就糟糕了！為了防止細小的沙漠沙子跑進耳裡，牠們才演化出了這樣的構造。明明長得如此惹人憐愛，耳毛卻又蓬又多，還真像老爺爺呢。

此外，為了保護手腳不被白天時高達80度的沙漠沙子燙傷，牠們的腳底也有蓬蓬的毛。多虧了這些毛，才能行走於灼熱的沙地上而不會陷入沙中。

為了在沙漠中求生而一路演化過來的沙漠貓。也許有的人會覺得「移去更容易居住的地方生活不就好了嗎！」，但是沙漠貓的個性非常膽小，不會去親近人類。即使又炎熱又沙沙的，牠們還是喜歡不怎麼受人歡迎的沙漠。

【動物資料】

沙漠貓

棲息地	北非／西南亞的沙漠
大小	40～57cm
重量	2.0～2.5kg

渢颯颯颯…
防沙對策準備萬全

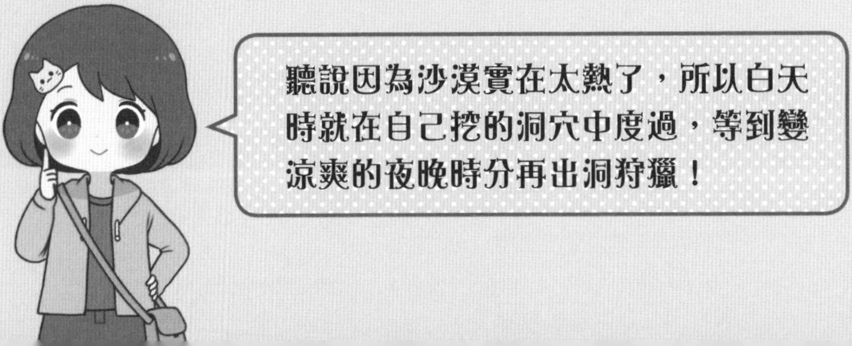
聽說因為沙漠實在太熱了，所以白天時就在自己挖的洞穴中度過，等到變涼爽的夜晚時分再出洞狩獵！

沒關係指數

長尾虎貓有時候會做出拙劣的叫聲模仿

居住在南美洲叢林裡的長尾虎貓。為了在黑暗中狩獵，牠們演化出一雙極富特色、圓滾滾的大眼睛，只靠著微弱的月光或星光也能清楚地看見周遭的事物。

長尾虎貓會吃樹上的老鼠、松鼠、小型的猴子或鳥等等，而為了能順利狩獵，牠們會模仿獵物的叫聲藉此吸引對方靠近，這是在最新的美國研究（※）中發現的。某一隻長尾虎貓曾經模仿猴子寶寶尖銳而高亢的叫聲，試圖引誘獵物靠近。不過，叫聲模仿術本身並沒有非常高明，據說待在附近的猴子只是單純感到好奇，才會接近長尾虎貓的。雖然當時的狩獵以失敗告終，但是從能夠想出模仿作戰計畫的這一點來看，可謂非常聰明！話雖如此，還是先去提升一下叫聲模仿術的等級會比較好吧。

【動物資料】

長尾虎貓	
棲息地	從墨西哥北部到阿根廷北部的森林
大小	45～70cm
重量	4.0～9.0kg

※根據美國的非營利組織——國際野生生物保護學會（WCS）的研究。

咦？
是同伴嗎？
嘻、嘻、嘻！
吱
吱
聽說長尾虎貓的後腳可以180度旋轉唷！
就算猴子聲音模仿術的表現不佳，仍具
備一項超越猴子的才藝！

馬島長尾狸貓的名字裡有「屁股的洞」之意

僅存在於馬達加斯加島的馬島長尾狸貓，是島上最大的肉食動物，所以沒有天敵。但是由於森林驟減的關係，使得牠們襲擊家畜的事件頻傳，因而成為人類狩獵的對象，如今已在瀕臨絕種的危急存亡之秋。

那樣的馬島長尾狸貓，卻有個相當沒關係的學名。其學名為「Cryptoprocta ferox」，意思是「兇猛的被藏起來的肛門」。肛門就如同各位所知，是指屁股的洞。在馬島長尾狸貓肛門的左右側有個袋狀器官——肛門囊，用來儲存氣味強烈的物質（分泌物），不過這對肛門囊已經膨大到把肛門給藏了起來。狗等動物也具有肛門囊，但是是在體內，所以我們可以清楚看見貓狗的肛門。反觀馬島長尾狸貓，因為肛門囊實在太大了，光是匆匆一瞥還真不曉得肛門的位置在哪裡。學名「被藏起來的肛門」，就是字面上的意思囉。

〔動物資料〕

馬島長尾狸貓	
棲息地	馬達加斯加的雨林
大小	70cm
重量	9.5～20.0kg

竟然用肛門作為學名，也太沒關係了！不曉得馬島長尾狸貓知不知道自己被叫做肛門呀～？

白臉角鴞一變得又瘦又長根本看不出來是哪位

雖然「白臉鴞屬」是鴟鴞科當中體型偏小的族群，不過可愛的白臉角鴞卻是白臉鴞屬中體長最長的種類。

平常的模樣相當可愛，但是當牠們為了保護自己時就會使出大變身的絕招，誇張到令人根本不敢相信是同一隻鳥。遠遠地發現敵人時，首先會把整個身體拉得又細又長。就連眼睛也會跟著變細，簡直像是變成了別種生物。因為實在是變得太過纖細，已經看不出來原本是長什麼樣子了。這是在極力模仿樹枝，稱為擬態的其中一種行為。

而且，要是被敵人發現了，就會使出最終手段——展開羽翼做出威嚇的架勢。只不過，這個姿勢是在陷入極度危險的狀態時才會做的超稀有動作。是唯有當牠們覺得「這下完蛋了！」的時候，才能看得到的動作。

〔動物資料〕

白臉角鴞	
棲息地	撒哈拉沙漠以南的非洲
大小	19～24cm
重量	約200ｇ

嘿嘿嘿。
這下就不知道
我是誰了吧？

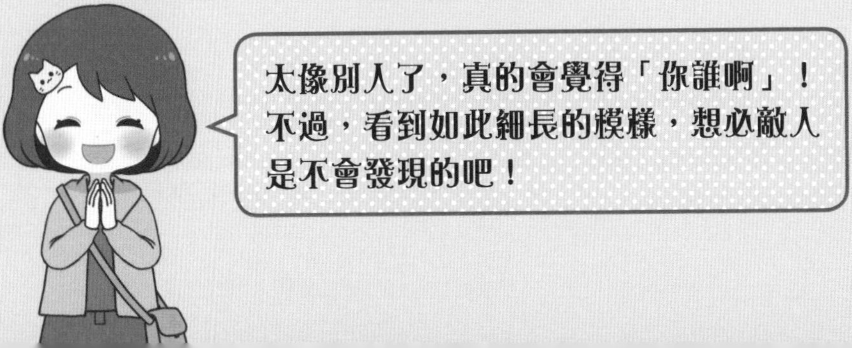
太像別人了，真的會覺得「你誰啊」！
不過，看到如此細長的模樣，想必敵人
是不會發現的吧！

海獺遇到溫暖的海就會往下沉

一邊漂浮在海面上，一邊用石頭把貝殼敲開的聰明海獺，是一種在海裡生活的最小型哺乳類。儘管如此，牠們在鼬科當中的體型卻是最大的。

海獺是一種毛量十分豐厚的動物。相對於人的頭髮大約有10萬根，海獺全身上下長出來的毛有多達8億根左右。這些毛髮的縫隙之間形成了空氣層，所以具有浮在海上、保護身體不受寒等功用。不過，在前腳的手心處並沒有長毛。也因為這樣，海獺為了不讓雙手受寒，會做出宛如歡呼般的動作來避免雙手接觸到海洋。牠們偶爾也會做出用手覆住眼睛的動作，一般認為這也是為了要幫冰冷的雙手及眼睛取暖才會這樣做的。

也許有人會想說：「既然那麼冷的話，搬去溫暖的海域不就好了嗎……」其實當遇到20度以上的水溫時，毛皮裡面就會進水，海獺會因此而往下沉。在溫暖的海中會沉下去，在寒冷的海中手又會冰冷。不管哪種選擇都不是很順遂呢，沒關係。

【動物資料】

海獺

棲息地	千島群島、阿留申群島、阿拉斯加灣、加利福尼亞海岸
大小	55～130cm
重量	15～33kg

水溫 20℃
呀!!
呼，
真舒服……
水溫 5～10
原來是這樣。
換句話說，海獺只能生活在冷冰冰的海裡了。

白犀牛利用大便布告欄進行徵婚啟事

在犀科當中體型最大的白犀牛。名字的由來並非源自於那一身雪白，而是因為把嘴巴「寬闊（wide）」的特徵跟「白色（white）」聽錯了，才會如此命名。名字倒是已經沒關係了，這次要聊的沒關係故事是和大便有關。

南非與德國的研究團隊（※）針對白犀牛的大便進行分析，並重現了據有地盤的公犀與正值發情期的母犀糞便。將重現的糞便散播後，確認單身公犀的反應。結果發現，單身的公犀在聞到其他雄性的氣味時會進入警戒狀態，遇上母犀的氣味時則會長時間持續嗅聞。

根據這個研究可以推論，在白犀牛的大便當中，性別、年齡、對方是否想結婚等資訊都涵蓋在裡頭。或許這隻白犀牛嗅聞糞便，是在尋找結婚對象也說不定。總而言之，從白犀牛的大便當中，會洩漏個資就是了。

〔動物資料〕

白犀牛

棲息地	非洲南部以及東北部的乾燥莽原
大小	340～400cm
重量	1700～2300kg

※根據南非與德國的三位科學家所組成的研究團隊的研究。

有的動物會吃大便，也有動物把大便當作情報來源，也就是說，大便對動物而言超重要的對吧！

翻車魚

=

石臼

← 有點可憐

西部低地大猩猩

=

Gorilla gorilla gorilla

↑

講太多次大猩猩了

長頸鹿

=

奔跑的豹紋駱駝

↑

脫口說出了駱駝——

今天的主題

沒關係學名的動物

1月21日 星期一

天氣 雨

地點 家庭餐廳

聽說每種動物都有「學名」，而且學名是厲害的學者在使用的。這件事是今天媽媽跟我說的，不過，沒想到有些動物的學名很奇怪！例如西部低地大猩猩，據說牠們的學名叫做「Gorilla gorilla gorilla（大猩猩 大猩猩 大猩猩）」。不管怎樣都是大猩猩，我覺得也未免講太多次了吧。學名是石臼的翻車魚也是，感覺有點可憐！

老師的話

學名是全世界共通的名字，用「拉丁語」這種語言來命名的唷！和日本的和名*10有些許落差，所以很有趣吧！

＊譯註10：也就是和語。是日語詞彙來源的一種，泛指相對於漢語和外來語的固有詞彙。其實中文圈在替動物命名時，也會出現和學名稍有出入的情況。

索引

〔參考文獻〕

『日本動物大百科』シリーズ（平凡社）

※除此之外，也參考了各式各樣和動物相關的書籍與網站。

看過這些沒關係動物們後，有什麼感想呢？

就算遭遇毫無道理的事情、感到遺憾的時候，
或許在動物們的生態中仍蘊含著某些意義也說不定！？
因為所有的動物都很積極向前嘛！
所以說，儘管各位也會遇到不順心的事情，
還是要打起精神、挺過難關哦！

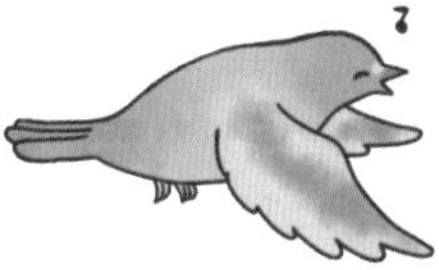

當遇到挫折而感到灰心喪志時，
不妨試著大聲說出這個魔法詞彙吧！

——「沒關係！」

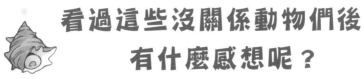

PROFILE

今泉忠明（いまいずみ・ただあき）監修

哺乳類動物學者。1944年生於東京都。畢業於東京水產大學（現為東京海洋大學）。在國立科學博物館學習哺乳類的分類學及生態學。參與過文部省（現為文部科學省）的國際生物學事業計畫（IBP）調查、環境廳（現為環境省）的西表山貓生態調查等。上野動物園的動物解說員、靜岡縣的「貓咪博物館」館長。近年的主要著作、監修書籍有《超危険生物スゴ技大図鑑（超危險生物絕招大圖鑑）》（宝島社）、《おもしろい！進化のふしぎ ざんねんないきもの事典（好有趣！進化不思議 遺憾動物事典）》（高橋書店）、《泣けるいきもの図鑑（讓人想哭的動物圖鑑）》（学研プラス）、《恋するいきもの図鑑（戀愛動物圖鑑）》（カンゼン）等。

TITLE

雖然長歪了 沒關係動物圖鑑

STAFF

出版　瑞昇文化事業股份有限公司
監修　今泉忠明
譯者　蔣詩綺

總編輯　郭湘齡
責任編輯　蔣詩綺
文字編輯　徐承義　李冠緯
美術編輯　孫慧琪
排版　執筆者設計工作室
製版　明宏彩色照相製版股份有限公司
印刷　龍岡數位文化股份有限公司

法律顧問　經兆國際法律事務所　黃沛聲律師

戶名　瑞昇文化事業股份有限公司
劃撥帳號　19598343
地址　新北市中和區景平路464巷2弄1-4號
電話　(02)2945-3191
傳真　(02)2945-3190
網址　www.rising-books.com.tw
Mail　deepblue@rising-books.com.tw

本版日期　2020年2月
定價　320元

ORIGINAL JAPANESE EDITION STAFF

イラスト　鮎
（P.24、P.28〜P.40、P.56、P.72、P.88、P.92〜P.100、P.104〜P.106、P.110〜P.124、マイコイラスト）
かなンボ
（P.10〜P.22、P.44〜P.54、P.60〜P.70、P.76〜P.86、P.102、各章背景イラスト）
装丁・デザイン　粟村佳苗（NARTI;S）
DTP　G-clef
文　手塚よし子（ポンプラボ）
編集　宮本香菜、佐々木幸香

國家圖書館出版品預行編目資料

雖然長歪了 沒關係動物圖鑑 / 今泉忠明監修；蔣詩綺譯. -- 初版. -- 新北市：瑞昇文化, 2019.01
128面；14.8 x 21公分
譯自：それでもがんばる! どんまいないきもの図鑑
ISBN 978-986-401-298-5(平裝)
1.動物行為 2.通俗作品
383.7　107021821